Charles Stronge

# Survival-Knoten

WIELAND

Titel der Originalausgabe:
SAS and Elite Forces Guide – Ropes and Knots

Bradley's Close, 74-77 White Lion Street
London N1 9PF, UK
www.amberbooks.co.uk

2. Auflage der deutschen Ausgabe, 2023
ISBN 978-3-938711-88-0



Ins Deutsche übersetzt von: Holger Reiff
Schlussredaktion: Karola Wieland
Illustrationen: Peters & Zebransky
Umschlaggestaltung: Caroline Wydeau
Foto Cover: istockphoto.com/Extreme-Photographer

Layout: Buch-Werkstatt GmbH
Rosenheimer Straße 41d
D-83043 Bad Aibling
www.buch-werkstatt.de



Wieland Verlag GmbH
Rosenheimer Str. 22
D-83043 Bad Aibling
Tel. +49-(0)8061-38998-0
Fax +49-(0)8061-38998-20
www.wieland-verlag.com

Druck: Print Consult
Printed in EU

Charles Stronge

# Survival-Knoten

Die wichtigsten Knoten
und Seiltechniken
für das Überleben
in der freien Natur

WIELAND

# Inhalt

**Anhang**

# Einleitung

Wenn wir an Knoten denken, kommt uns heute vor allem ihre praktische und – inzwischen etwas eingeschränkte – alltägliche Bedeutung in den Sinn. Knoten haben jedoch seit grauer Vorzeit eine ganz andere Signifikanz, die sich im Dunkel der menschlichen Evolution verliert. Bereits die ersten Jäger und Fischer dürften Pflanzenfasern miteinander verbunden haben, um aus ihnen Fallen und Angelschnüre oder Netze und Körbe anzufertigen. Von da bis zur Entwicklung der Takelage für Boote, die per Windkraft fortbewegt werden, war es aber trotzdem noch ein langer Weg.

Die alten Ägypter waren wahrscheinlich die erste Zivilisation, die Seile im industriellen Maßstab herstellten, denn sie benötigten große Mengen davon für den Bau ihrer gewaltigen steinernen Monumente. Ob nun Tempel und Pyramiden oder andere Monumente – sie alle sind aus riesigen Steinblöcken erbaut, die an ihre endgültige Position gezogen oder gehoben werden mussten. Die erste dokumentierte Verwendung von Hanf, das zu einem Grundstoff für die Segelflotten Europas werden sollte, stammt aus der Zeit um etwa 2800 v. Chr. und fand in China statt.

Die Fähigkeiten, die von Ägyptern, Chinesen und anderen Völkern entwickelt wurden, verbreiteten sich über die Jahrhunderte und -tausende allmählich über die ganze Welt aus. Fast könnte man behaupten, dass unsere ganze heutige Zivilisation – im Westen wie im Osten – ohne Seile und Knoten gar nicht hätte entstehen können.

Unsere Vorfahren verwendeten Seile und Knoten aber auch beim Bau von nur zeitweise genutzten oder behelfsmäßigen Unterständen. Bei nomadisch lebenden Völkern ist dies auch im 21. Jahrhundert noch gängige Praxis, wie man an deren Zeltdörfern heute noch sieht. Diese Familienclans wenden Knoten auch häufig als Dekoration oder zum Flechten und Plattieren an.

Einige Kulturen wie die chinesische nutzten Knoten sogar dazu, um Informationen aufzuzeichnen. Es ist durchaus möglich, dass die frühesten in China verwendeten Symbole aus solchen Knoten entwickelt wurden. Auch bei der frühen Inka-Zivilisation gibt es Hinweise darauf, dass auch sie ein Knotensystem für die Verschlüsselung und Präsentation von Informationen und Daten verwendeten. Diese »Sprache« aus Knotensymbolen wurde als »khipu« bekannt.

## Komplexität der Knoten

Obwohl es oft selbstverständlich ist, dass wir in einem relativ frühen Lebensalter unsere Schnürsenkel binden können, bedeutet dieser Prozess dennoch eine besonders komplexe Koordination zwischen Händen, Augen und Gehirn. Die harmlos und simpel erscheinende Aktion beinhaltet räumliches Bewusstsein, manuelle Geschicklichkeit, Logik und Gedächtnis – und bleibt eine Aufgabe, die auch die stärksten Roboter nicht schaffen. Daneben haben Knoten auch immer schon Mathematiker herausgefordert. Die Muster, in denen sie gebunden sind, und die Gründe für ihre relative Effizienz sind das Thema andauernder Forschung.

Die Auswirkungen von Knoten auf das Material, in dem sie gebunden sind – egal, ob ein Seil aus natürlichem oder künstlichem Material besteht – ist ebenfalls Gegenstand der Untersuchungen, denn ein Knoten im Seil schwächt dieses generell, egal wie effizient der Knoten ist. Es bleibt abzuwarten, ob die Wissenschaft, einschließlich der Nanotechnologie, ein Material produzieren kann, in dem der Knoten nicht mehr das schwächste Glied ist, sondern sogar der stärkste Punkt sein kann.

Knoten sind wie eine eigene Sprache – ein Skript im Seil. Sie verlangen, dass die Praxis perfekt ist, wie eine gute Handschrift. Knoten sind in bestimmten Bereichen oder Disziplinen zu Recht verbunden mit den Begriffen Professionalität und Fachwissen. Das spiegelt sich vor allem in der Seefahrt: Über Generationen hinweg wären Seeleute – egal, ob Handels- oder Kriegsmarine – nicht sehr weit gekommen, hätten sie nicht herausragende Kenntnisse von Knoten gehabt. Für Matrosen konnten Knoten den Unterschied zwischen Leben und Tod bedeuten, da Seile und Segel korrekt gesichert werden müssen, um die Seetüchtigkeit zu gewährleisten. Ist dies nicht der Fall, bleibt ein Schiff unter wirr schlagenden Segeln einfach liegen oder wird vom Wind auf die nächste Küste gedrückt und strandet.

## Die Rettungsleine des Kletterers

Wer anders als ein Kletterer kann behaupten, der Gnade des letzten Knotens ausgeliefert zu sein, den er gebunden hat? Für ihn ist der

Begriff »Einbinden« gleichzusetzen mit dem ersten einer langen Reihe von Knoten, auf die er sich verlassen muss, während er gegen die Schwerkraft ankämpft und gleichzeitig seine körperliche Kraft und geistige Entschlossenheit bis an deren Grenzen austestet – immer realisierend, dass er Hunderte von Metern über dem Boden hängen kann oder nur ein paar Meter, vor einer sonnendurchglühten Felswand, einer vereisten Bergflanke oder beim Bouldern an einem Felsblock. Wenn ein Bergsteiger fällt, können Knoten sein Leben retten – sei es am letzten selbst gewählten Fixpunkt in der Wand oder beim Sicherer auf dem Boden, der alles richtig gebunden oder geknotet hat.

## Knoten für die Forschung

Als Thor Heyerdahl seine Theorie beweisen wollte, wonach die Südseeinseln Polynesiens von Menschen aus Peru bevölkert worden seien, erschuf er 1947 mit der Kon-Tiki ein wirklich seetüchtiges Fahrzeug – wie es auch von den Einwohnern des heutigen Peru um das Jahr 500 nach Christus hätte erbaut worden sein können. Die wichtigste Vorgabe der Expedition war, dass nur natürliche Materialien verwendet wurden. Nachdem Heyerdahl in den peruanischen Dschungel gereist war, um Balsa-Bäume für den Floßbau zu fällen, sicherte er die Stämme umgehend mit Urwald-Kletterpflanzen, bevor er sie zu einem Marinestützpunkt an der Küste flößen ließ. Er wandte dabei jene Seile und Knoten an, die bereits vor 2000 Jahren von den indigenen Einwohnern Perus benutzt wurden.

Dschungellianen nutzte Heyerdahl auch, um das Floß fertigzustellen. Hanfseile verbanden die neun Stämme, die den Rumpf bildeten. Nägel oder irgendeine andere Form von Metall- oder Drahtbefestigung gab es nicht. Daher wurden etwa 300 verschiedene Seillängen und -dicken verwendet, die sicher verknotet werden mussten, um die Einzelteile zu verbinden. Alles – einschließlich des Lebens der Männer an Bord – auf der Kon-Tiki hing absolut von der perfekten Ausführung der natürlichen Seile und von den Knoten ab, die sie zusammenhielten.

Trotz aller Bemühungen von Heyerdahls Team warnten erfahrene Seeleute, die das Floß vor der Abreise begutachteten, dass die angefertigten Seile niemals halten würden. Man müsste Draht und Ketten verwenden, wenn es eine Chance geben sollte, die Reise erfolgreich durchzuführen. Das Gleiche galt für Seile und Knoten, die für die grundlegende Sicherheit der Mannschaft verwendet wurden, um ein Über-Bord-Waschen bei schwerer See zu verhindern.

Nachdem das Team auf See war und sich an die Bewegung im rauen Wellengang sowie die Schwierigkeiten beim Steuern gewöhnt hatte, wurde man sich bewusst, dass das ganze Schiff ständig in sich selbst in Bewegung war: einige Holzstämme wanderten nach oben, während andere sich nach unten bewegten. Die Seile hielten alles zusammen und bewahrten das Floß davor, buchstäblich auseinander zu fallen. Zum Glück erwies sich das eingesetzte Balsaholz als weich genug, um den Seilen zu erlauben, Rillen hineinzuschneiden. Härteres Holz wie zum Beispiel Eiche hätte stattdessen wohl eher die Seile zerstört. Ketten und Drahtseile hätten dagegen die Balsa-Stämme buchstäblich zersägt.

Nach einiger Zeit auf See wurden die Seile durch die kontinuierliche Wellenbewegung und den Druck locker. Bei den Seilen, die die Masten verbanden, passierte das Gleiche. Allerdings hielt die gesamte Konstruktion lange genug zusammen, um das Floß zu einer polynesischen Insel zu bringen. Selbst als die Kon-Tiki dort von den Brechern auf das Korallenriff geschleudert wurde, hielten die Stämme zusammen, und die Mannschaft hing an Bord in ihren Sicherheitsseilen. Später schleuderte höherer Seegang die Reste des Floßes vollends in die Lagune, die Seile hielten aber auch das aus.

Ich habe dieses Abenteuer im Detail beschrieben, weil es viel von dem, was im vorliegenden Buch über Knoten und Seile geschrieben wird, in einem praktischen Kontext deutlich macht. Die historische Bedeutung der Knoten wird hier ebenso hervorgehoben wie ihre Relevanz in der Gegenwart. Die Besatzung der Kon-Tiki übertrug ihr Leben Seilen und Knoten, die bereits um das Jahr 500 unserer Zeitrechnung verwendet wurden.

## Variationen von Knotentypen und -namen

Es gibt viele Knotentypen, und ständig werden neue Knoten und neue Möglichkeiten entwickelt, sie zu binden. Einige Bücher geben an, eine umfassende Stoffsammlung über alle Knoten zu beinhalten, die jemals erfunden wurden. Zahlreiche Knoten sind jedoch so speziell, dass sie nur ganz selten und nur von wenigen Spezialisten angewendet werden – und damit so gut wie nie beim Klettern oder im Outdoorbereich. Das vorliegende Buch ist anders, denn der Schwerpunkt liegt ausschließlich auf jenen Verbindungen, die Sie in realen Situationen anwenden würden.

Diesem Prinzip folgen zum Beispiel auch die Einheiten der US-Navy-SEALs (Sea, Air, Land). Sie müssen aus der großen Zahl an Knoten lediglich fünf davon als Teil ihrer Grundausbildung lernen.

Dies sind der Kreuzknoten, der Palstek, der Webleinenstek, der Ankerstich und der Schotstek. Da die SEALs eine der Top-Elite-Einheiten der Welt sind, könnte man bei ihnen etwas mehr Kenntnisse beim Knotenbinden erwarten. Und richtig: Als Teil ihrer Ausbildung müssen die Rekruten diese Knoten unter Wasser in einer minimalen Tiefe von 15 Metern binden können.

Viele Knoten haben eine lange und bedeutsame Geschichte, wie wir auch bei der Kon-Tiki-Expedition gesehen haben. Ohne Knoten hätte sie ihr Ziel nie erreicht. Dazu kommt, dass zahlreiche Knoten zwei oder mehr Namen haben können, mit denen verschiedene historische Anwendungen verbunden sind. Zu ihnen zählen beispielsweise im Englischen der *manharnessknot*, der *artilleryman's loop*, der *harness loop* oder der *manharness hitch* – alles Namen für ein und denselben Knoten, der ursprünglich für das Ziehen und Manövrieren von großkalibrigen Waffen wie Kanonen – der Artillerie – mittels Gurtgeschirr (= Harness) für Pferde oder Soldaten (= man), sofern keine Pferde vorhanden waren, entworfen wurde. Diese Knoten lassen sich aber auch ganz simpel zum Anbinden von Pferden verwenden.

Nicht alle historischen Begriffe haben in der modernen Zeit überlebt. Obwohl wir mit dem allgemeinen Begriff Knoten vertraut sind, gibt es eine Reihe von häufig geknüpften Seilverbindungen, in denen der Name »Stek« vorkommt. Dieser Begriff stammt aus der Seefahrt und bezeichnet Knoten, die eine besondere Bedeutung für den Betrieb eines Schiffes haben. Das »Stecken« – daher der Name – solcher Knoten ist bis heute wesentlicher Ausbildungsbestandteil von Seeleuten und Sportschiffern.

## Seile und Knoten zum Überleben

Wenn also Knoten in vielerlei Hinsicht für unsere menschliche Zivilisation und Entwicklung grundlegend waren, sind sie doch nach wie vor weiterhin hochtechnische »Werkzeuge«. In diesem Zusammenhang müssen sie von Menschen, die Knoten professionell einsetzen, zwingend beherrscht werden, um Verletzungen bis hin zum Todesfall auszuschließen. Beispiele sind alle Berufsgruppen, die in großer Höhe arbeiten, wie Elektriker im Freileitungsbau, Waldarbeiter und Gärtner bei Baumfäll- oder Baumschnittarbeiten sowie Fensterputzer, genauso aber auch Freizeitsportler wie Bergsteiger und Kletterer oder Sportbootschiffer. Angehörige von Rettungsdiensten oder dem Militär – und natürlich Seeleute – sind auf die korrekte Funktion ihrer Knoten selbstverständlich ebenfalls angewiesen.

Wer sich draußen in der Natur bewegt, ob als Wanderer, Bushcrafter, Jäger oder Angler, braucht oft einen Knoten, um irgendetwas zu befestigen oder herzustellen. Das gleiche gilt erst recht, wenn man in eine echte Notfallsituation kommt und Survival-Fähigkeiten braucht. Wohl dem, der dann weiß, welcher Knoten für welchen Zweck geeignet ist. Dieses Buch vermittelt genau diese Informationen. Nach einer Einführung und Übersicht über die verschiedenen Knotentypen widmet es sich verschiedenen Einsatzgebieten und den Knoten, die im jeweiligen Zusammenhang sinnvoll und hilfreich sind.

# 1 Grundlagen für die Arbeit mit Seilen

## 1.1 Einführung

Seit der Frühzeit der Menschheit gibt es Schnüre und Seile, die aus natürlichen Materialien hergestellt wurden. Lianen aus dem Urwald, Flachs, Papyrus, Sisal- und Manilahanf, Kokosfasern, Dattelpalmen, Schilf- und Esparto-Gras, Seide, ja selbst Tierhaare waren jene Stoffe, die der Mensch mit seiner Innovationskraft zu nutzen wusste, um sie zu bündeln und zu verlängern, bis schließlich ein Seil entsteht. Sie erwiesen sich als ausreichend geeignet, ein aus Baumstämmen oder großen Ästen gebautes Floß zusammenzuhalten – für eine Flussüberquerung oder gar eine große Seereise.

Als eines der am besten geeigneten Materialien erwies sich Hanf, der aus den Blättern von Sisal- und Abaca-Pflanzen hergestellt wurde. Über Jahrhunderte nutzten zahllose Seefahrer in aller Welt

**Definition**

Ein Knoten ist ein Verfahren zum Befestigen oder Sichern von linearem Material wie Seil durch Binden oder Verflechten. Es kann aus einer Länge von einem oder mehreren Segmenten von Seil, Schnur, Gewebe, Garn oder Gurt bestehen.

Ein Knoten (von Althochdeutsch »knoto« = knotenförmige Verdickung) ist eine Verwicklung von Tauwerk, Faden oder einem ähnlichen biegsamen, länglichen Material. Die Windungen »klemmen« das verknotete Material ein, erhöhen so die Reibung und verhindern dadurch ein Gleiten des Seils. Bei manchen Knotenarten (zum Beispiel Festmachern) kommt die Seilreibung an einem festen Gegenstand hinzu.

diese Fasern. Es war mitunter von nationaler Bedeutung, dass die Schiffe eines Landes stets ausreichend mit Hanf versorgt waren, um erfolgreich und sicher auf den Weltmeeren unterwegs sein zu können.

Allerdings neigen natürliche Seilfasern dazu, relativ schnell zu verschleißen. Negativ auf die Festigkeit von Hanfseilen wirkt sich auch der Einfluss von Wasser aus. Die verantwortlichen Stellen für Versorgung und Instandhaltung von Schiffen waren daher ständig auf der Suche nach Nachschub wichtiger Stoffe – mitunter aus weit entfernten Ländern. Für die britische Royal Navy zum Beispiel kam der beste Hanf von der Ostsee.

Die Erfindung künstlicher Faser-Seile und Schnüre bedeutete, dass eine ganze Reihe von Problemen bei der Verwendung von Naturfasern beseitigt werden konnten. Künstliche Fasern waren im allgemeinen stärker, weniger anfällig für Verschleiß, konnten Wasser besser absorbieren und waren weniger von Schimmel betroffen. Seit der Erfindung des Nylons in den 1930er Jahren ist die Palette an künstlichen Fasern bis hin zu Polyamid, Polyester, Polypropylen und Polyethylen stetig gewachsen. Eines der neuesten Materialien, das bei Seilen verwendet wird, ist Aramid – eine hitzebeständige Kunstfaser, die eigentlich für die Konstruktion von Körperpanzer gedacht war, aber auch als Seilkern Verwendung findet, umgeben von einer Hülle aus anderen Materialien wie zum Beispiel Polyester.

Die Verwendung von fortgeschrittenen künstlichen Fasern hat dazu geführt, dass Seile in der Regel dünner geworden sind, ohne dabei an Stärke zu verlieren. Allerdings brechen oder reißen dünnere Seile unter extremen Umständen leichter, wenn sie zum Beispiel über scharfe Kanten geführt werden. Im Großen und Ganzen aber wird ein gut hergestelltes, modernes Seil kaum reißen.

## 1.2 Ein wenig Materialkunde

Ursprünglich für Seile verwendete Materialien sind natürliche Fasern wie Hanf, Leinen, Baumwolle, Kokosfasern, Jute, Abaca und Sisal, aber auch Tierhaare. Je länger die Fasern, desto besser sind sie geeignet. Die wichtigsten Bast- und Blattfasern zur Herstellung von Seilen sind:

*Hanf*

*Abaca*

- Hanffasern aus dem Bast (die Schicht unter der Borke) der Hanfpflanze. Die ältesten Nachweise für eine Verwendung dieser Fasern reichen bis in das Jahr 2800 v. Chr. zurück. Aufgrund ihrer Eigenschaften, vor allem der Festigkeit, wurde Hanf bis weit in das 20. Jahrhundert zur Herstellung von Seilen und Tauen sowie Segeltuch genutzt. Heute werden Hanffasern in Textilien, Zellstoffen und Papieren sowie in naturfaserverstärkten Kunststoffen eingesetzt.
- Abaca (Manila- oder Bananenhanf) ist eine harte Naturfaser aus den Blättern einer ostasiatischen Bananen-Art, die besonders beständig gegen Sonnenlicht ist. Die bis zu zwei Meter langen Fasern finden vor allem Verwendung für die Produktion von salzwasserresistenten Schiffstauen. Der Name Manilahanf nimmt auf die Hauptstadt der Philippinen als traditionell wichtigsten Ausfuhrhafen Bezug, ist aber insofern irreführend, als

die Art nicht zur Gattung Hanf (Cannabis) gehört. Abaca hat außerdem den Vorteil, bei Kontakt mit heißen Gegenständen nicht zu schmelzen wie etwa Kunstfasern.

- Sisalfasern werden aus den Blättern einiger Agaven-Arten gewonnen, besonders der in Nord-Yucatán beheimateten Sisal-Agave. Die 60 bis 150 Zentimeter langen Fasern werden zu Tauen, Seilen, Garn und Teppichen sowie zahlreichen anderen Produkten verarbeitet, zum Beispiel Matratzen-Füllstoff, Dämmmaterial oder Poliermittel.
- Je nach Region spielten auch andere Pflanzenfasern eine wichtige Rolle. Im alten Ägypten waren dies zum Beispiel Papyrus (Schilfgras), die Fasern von Dattelpalmen-Blättern und Baumwolle. Letztere war auch in Indien sowie Indonesien, aber auch in Zentralamerika von prähistorischer Bedeutung.

*Sisal*

*Papyrus*

Bei den Kunstfasern spielen für die Herstellung von Seilen vor allem die chemisch synthetisierten Polymere eine Rolle:

- Polyamid (PA) wird auch als Nylon bezeichnet und ist die stärkste aller Kunstfasern bei normalen Anwendungen – sofern sie trocken ist. Bei Nässe verliert sie einen Teil ihrer Kraft. Die Faser ist sehr elastisch sowie reiß- und scheuerfest. Wird Nylon gedehnt, hat es ein »Gedächtnis« für die Rückkehr zu seiner ursprünglichen Länge. Zudem lässt es sich durch Hitze dauerhaft verformen. Nylon hat eine hohe Dichte und ist daher nicht schwimmfähig. Ein Schleppseil aus Nylon ist ideal, da seine Elastizität einen Teil der Stoßbelastung absorbiert, wenn die Last aufgenommen wird.
- Polyester (PES) zeigt vielseitige Eigenschaften und nimmt deshalb eine Spitzenposition unter den synthetischen Fasern

*Halfa-Gras*

*Dattelpalme*

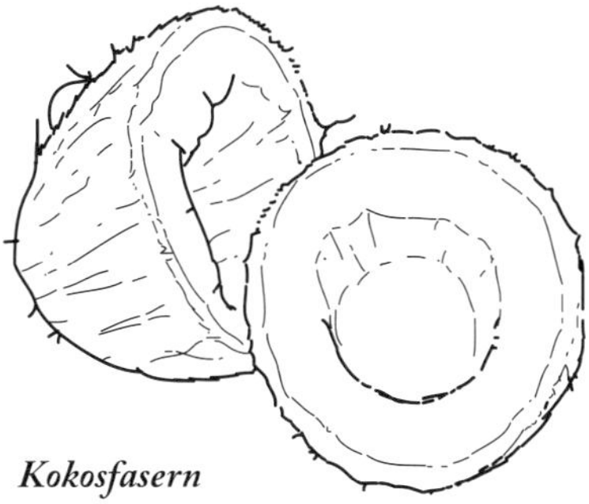

*Kokosfasern*

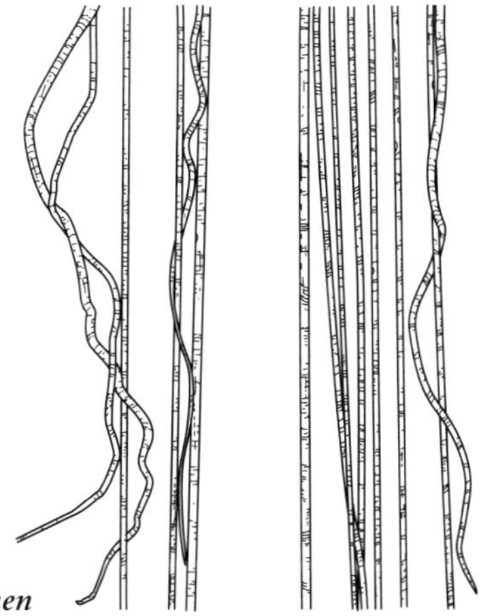

*Lianen*

ein. In seiner Festigkeit liegt es sehr nah an Nylon, sofern eine stetige Kraft angewendet wird. Die Elastizität gegenüber Nylon ist jedoch reduziert, da sich PES-Fasern kaum ausdehnen. Aus diesem Grund können sie auch keine Stoßbelastungen aufnehmen. Dafür behält PES seine Stärke aber auch bei Nässe und nimmt kaum Feuchtigkeit auf. Generell sind Polyester-Fasern sehr reiß- und scheuerfest und verschleißen wenig. Schwimmfähigkeit ist nicht gegeben.

- Polyethylen (PE)-Fasern bestehen zu mehr als 85 Prozent aus Polyethylen hoher oder niedriger Dichte. Sie nehmen keine Feuchtigkeit auf, sind beständig gegen eine Vielzahl von Chemikalien und weisen eine hohe Scheuerbeständigkeit und eine geringe Reißfestigkeit sowie einen niedrigen Erweichungsbereich (je nach Typ 85° C bis 132° C), allerdings auch eine geringe UV-Stabilität auf, sofern keine zusätzliche Stabilisierung erfolgt. PE wird vorrangig für Seile, Taue und Netze genutzt.

- Polypropylen (PP) ist die Kunstfaser mit der niedrigsten Dichte und daher die einzige, die schwimmt. Man setzt Seile aus PP deswegen gerne dort ein, wo Schwimmfähigkeit gegeben sein muss – etwa im Wassersport, als Pool-Marker, bei Rettungsinseln oder als Festmache-Trossen (Mooring) im Hafenbecken. PP-Fasern variieren in ihren Eigenschaften, je nachdem, wie sie hergestellt werden. Wegen ihrer hydrophoben Eigenschaft sind die Trocken- und Nassreißfestigkeitswerte der Fasern gleich hoch. Zudem sind sie beständig gegen aggressive Chemikalien und weisen eine gute Scheuerfestigkeit auf.

## 1.3 Aufbau und Herstellung von Seilen

Seile – auf Plattdeutsch »Reepe« – wurden früher vom Reepschläger oder Seiler per Hand auf Seilerbahnen, auch Reeperbahnen genannt, gedreht. Heutzutage erfolgt die Herstellung mittels Seilschlagmaschinen. Sie tragen diesen Namen, weil man das Verdrillen auch »schlagen« nennt, um es vom Flechten zu unterscheiden. Historisch wurde das Drehen der einzelnen Seilstränge mit einer so genannten Warbel vorgenommen.

Ausgangsstoff sind die einzelnen Fasern, die man durch Verdrehen miteinander zu einem Faden verspinnt. Mehrere derart gesponnene Fäden werden zunächst zu Litzen zusammengedreht, aus denen dann der Seiler das Seil schlägt. Ein Seil besteht aus drei oder mehr solcher verdrillter Litzen, je nachdem, welche Stärke es haben muss.

Ein Seil ist in der Regel aus mindestens drei Materialsträngen gelegt oder gedreht, mit einer rechtsgerichteten Torsion. Ein rechtsdrehendes Seil ist auch als »Z«-Schlag bekannt, während ein linkshändiges »S«-Schlag genannt wird. Die Schlagrichtung der einzelnen Litzen innerhalb des Seils wird mittels Kleinbuchstaben gekennzeichnet: »z« oder »s«.

Entspricht die Drehrichtung der Litzen der des aus ihnen hergestellten Seils, so liegt ein so genannter Gleichschlag vor. Unterscheiden sich die Orientierungen von Litze und Seil, wird das Ganze als Kreuzschlag bezeichnet. So bedeutet etwa »zZ« oder »sS« ein gleichgeschlagenes Seil (rechts/rechts beziehungsweise links/links), während »sZ« oder »zS« für einen Kreuzschlag steht (links/rechts beziehungsweise rechts/links).

Gleichschlagseile sind also Seile, bei denen die Verdrillung der einzelnen Litzen und deren Verdrillung untereinander in derselben Drehrichtung erfolgt. Die Litzen bleiben dadurch zueinander verschiebbar. Das Seil wird durch diesen Effekt geschmeidig und auch biegsam.

Beim Biegen eines Seiles müsste eigentlich eine Seite gedehnt und die andere Seite gestaucht werden. Die Verdrillung ermöglicht aber, dass durch Bewegung der Litzen die Stauchung gleichzeitig die Dehnung ausgleicht. Dieselbe Litze, die »gestaucht« würde, wird gleichzeitig an anderer Stelle »gedehnt«. Gleichschlagseile werden beispielsweise für stählerne Zug- und Förderseile von Seilbahnen verwendet, die sich bewegen oder aufgerollt werden.

Bei Kreuzschlagseilen sind die Verdrillungen der Litzenbündel in sich und zueinander verschieden. Das Seil ist somit in sich ausgefacht, da durch die Reibung der Litzen untereinander eine Art Fachwerk entsteht. Das Seil ist somit steifer, bleibt aber dennoch flexibel. Alle statischen Stahl- oder Drahtseile, wie etwa bei Hängebrücken oder Spannbetonbrücken, können aus diesem Typ bestehen.

Die modernen künstlichen Faserseile werden auf eine andere Art und Weise hergestellt. Ein geflochtenes Seil enthält typischerweise einen inneren Kern von Strängen, die dann mit einer äußeren abriebfesten Abdeckung ummantelt werden. Wie bei einem gelegtem Seil gibt es Variationen von geflochtenem Seil, nämlich einzelnes Geflecht, doppeltes Geflecht oder festes Geflecht.

Eine andere Form von Seil ist das Kernseil. Dessen besondere Konstruktion eignet sich fürs Klettern und andere Aktivitäten wie Segeln, bei denen ein starkes, zuverlässiges Seil erforderlich ist. Es ist in der Regel so konstruiert, dass es ein Dehnungselement enthält, um Stoßbelastungen zu absorbieren. Kernseile sind auch ohne Stretchqualität erhältlich.

Geflochtene Seile bestehen gewöhnlich aus acht oder 16 einzelnen Seilen, die paarweise zusammengewoben sind, um hohen Belastungen standzuhalten. Sie dienen etwa zum Festmachen großer Schiffe oder haben ähnlich belastende Verwendungen.

## 1.4 Werkzeuge

Für den normalen Umgang mit Seilen empfiehlt sich der seit Jahrhunderten aus der internationalen Seefahrt bekannte Marlspieker. Dabei handelt es sich um einen kegelförmigen, oft leicht gebogenen Dorn aus Hartholz oder Metall von bis zu 30 Zentimeter Länge, dessen dickeres Ende mit einem Knauf versehen ist. Die andere Seite ist als Spitze geformt, um damit Seile zu bearbeiten (spleißen) oder Knoten zu entknüpfen.

Daneben gibt es für die Seilherstellung noch eine Vielzahl anderer spezifischer Werkzeuge. Einige davon, wie Zangen,

**Begriffe für das Binden von Knoten**

Der aktive Teil des Seils oder der Schnur, der beim Binden verwendet wird, wird als Arbeitsende oder loses Ende bezeichnet. Der statische Teil wird stehendes oder festes Ende genannt. Bildet man aus einem Seil eine Schlaufe, so dass zwei Abschnitte sich berühren und eine Kreuzung bilden, wird dies als Bucht oder Auge bezeichnet.

Scheren oder Nadeln, sind uns vertraut. Für speziellere Tätigkeiten verwendet man den so genannten Fitt, um etwa Seilstränge zu verteilen oder Stränge durch Knoten zu ziehen. Der Fitt entspricht einem großen Marlspieker, ist aber aus Hartholz, Knochen oder anderen natürlichen Werkstoffen gefertigt, und der Knauf am dickeren Ende fehlt. Sehr große Fitts (mit über einem Meter Länge), die senkrecht auf den Boden zu stellen sind, werden vom Takler »Tertsch« genannt.

## 1.5 Seilpflege

Damit ein Seil möglichst lange hält, muss es korrekt aufgerollt und gelagert werden. Insbesondere bei natürlichen Fasern sollte man schädliche Einflüsse durch Feuchtigkeit, Chemikalien oder extreme Kälte vermeiden. Ein korrekt gewickeltes Seil ist auch immer sofort einsetzbar, sofern es schnell gebraucht wird. Die richtige Vorgehensweise wird – je nach Anwendung – später in diesem Buch behandelt. Das korrekte Aufrollen von Seilen lernt man auch beim Boots- und Schiffsführer-unterricht oder beim Klettern.

Neben der falschen Lagerung können Seile auch Schäden erleiden, wenn ständig auf ihnen gelaufen wird oder man sie in einer anderen Weise quetscht. Die Lebensdauer eines Seils lässt sich zudem durch regelmäßiges Auswaschen und eine anschließende sorgfältige Trocknung erheblich verlängern. Das ist um so wichtiger, wenn das Seil Salzwasser ausgesetzt war.

## 1.6 Knotentypen

Im Jahr 1944 veröffentlichte der englische Künstler und Seemannn Clifford Ashley nach elfjähriger Arbeit sein Monumentalwerk »Das Ashley-Buch der Knoten« (*The Ashley Book of Knots),* das bis heute als Standard- und Referenzwerk in Sachen Knoten gilt. Es ist über 600 Seiten stark und enthält nicht weniger als 3.854 Einträge mit mehr als 7.000 Zeichnungen, die über 2.000 verschiedene Knoten darstellen. Nach Ashley lassen sich alle Knoten in fünf grundsätzliche Gruppen einteilen: Stopper, Schlaufen, Bünde, Steks und Ösen.

### Stopperknoten

Diese Knoten haben eine Vielzahl von Anwendungen. Sie dienen dazu, das Ende eines Seils vor dem Ausfransen zu bewahren, als Dekoration, als Handgriff wie zum Beispiel bei einer Sicherheitsleine, um ein Gewicht am Ende eines Seils zum Werfen zu befestigen, oder um ein Seil davon abzuhalten, durch eine Öffnung zu rutschen, wie etwa durch einen Block auf einem Boot.

Beispiele von Stopperknoten sind:

**Überhandknoten (Abb. 1)**: Dieser einfach zu lernende Knoten bildet die Grundlage für viele weitere Knoten wie Schlaufen, Schlingen und Steke. Er kann in dünne Schnüre geknotet werden und in dickes Seilwerk. Steht er einmal unter Zug, ist er nur schwer wieder zu lösen.
Der Überhandknoten dient als einfacher Stopperknoten, um das Durchrutschen des Seils durch eine Öffnung zu verhindern, oder zur Sicherung eines anderen, vorher geknüpften Knotens. In Rettungsleinen wird er in regelmäßigen Abständen eingeknüpft, um ein Abgleiten zu verhindern.

Man bildet zunächst einen Kreuztörn. Dann führt man das lose Ende über das stehende Ende und steckt es durch den Kreuztörn hindurch. Ein Zug an beiden Seilenden holt den Überhandknoten dicht.

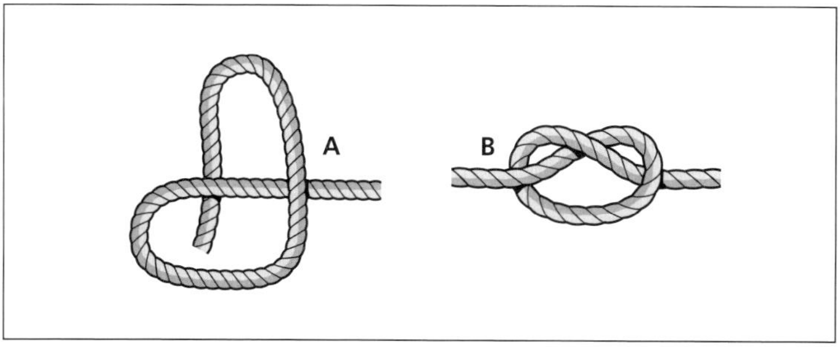


*Abb. 1*

*Dieser einfache Grundknoten bildet die Basis vieler anderer Knoten.*

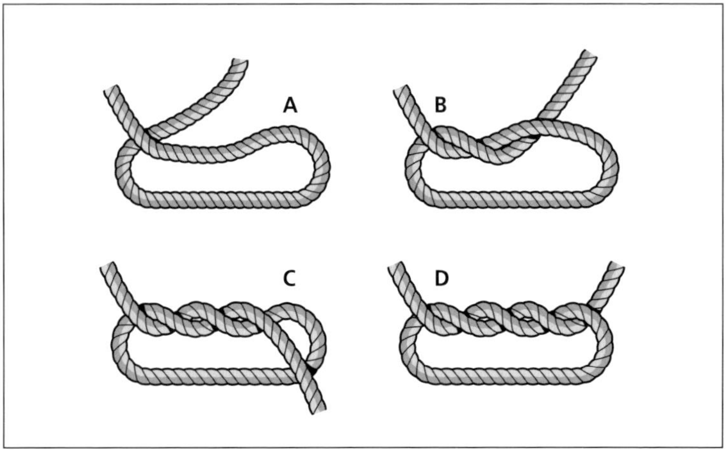


*Abb. 2*
*Der mehrfache Überhandknoten ist eine von vielen Variationen des einfachen Überhandknotens.*

**Mehrfacher Überhandknoten (Abb. 2)**: Er ist eine der zahlreichen Varianten des einfachen Überhandknotens. Je nach Anzahl der Knotenwindungen wird er als doppelter, dreifacher oder vierfacher Überhandknoten bezeichnet. Der Durchmesser des Knotens erhöht sich dadurch nicht – eine irrige, weit verbreitete Meinung! Der Knoten ist auch als Blutknoten bekannt, da er in die Schnüre von Peitschen geknüpft wurde.

Man bildet zunächst einen Kreuztörn. Dann führt man das lose Ende über das stehende Ende und steckt es durch den Kreuztörn. Diesen Schritt wiederholt man mehrfach. Ein Zug an beiden Seilenden holt den Überhandknoten dicht.

**Achtknoten** oder **Endacht (Abb. 3)**: Er ist aus dem Bergsport sowie maritimen Anwendungen nicht wegzudenken und wird vor allem als sogenannter Stopperknoten eingesetzt. Er ist voluminöser als der Überhandknoten und leichter als dieser zu lösen, selbst wenn er unter starkem Zug stand.

Man bildet zunächst einen Kreuztörn, indem man das lose Ende hinter das stehende Ende führt. Das lose Ende wird dann über das stehende Ende geführt. Bringen Sie nun das lose Ende nach vorne, indem Sie es durch den Kreuztörn stecken. Ein Zug an beiden Seilenden holt den Knoten dicht (= zieht ihn zusammen).

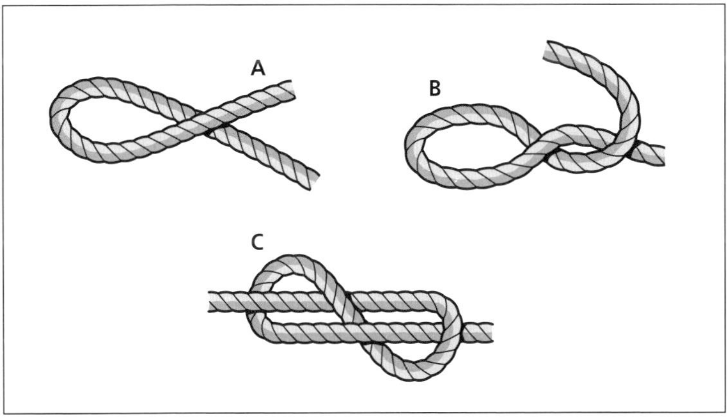


*Abb. 3*

*Der Achterknoten ist wichtig sowohl in der Kletter- als auch in der Segelwelt und wird hauptsächlich als Stopperknoten verwendet.*

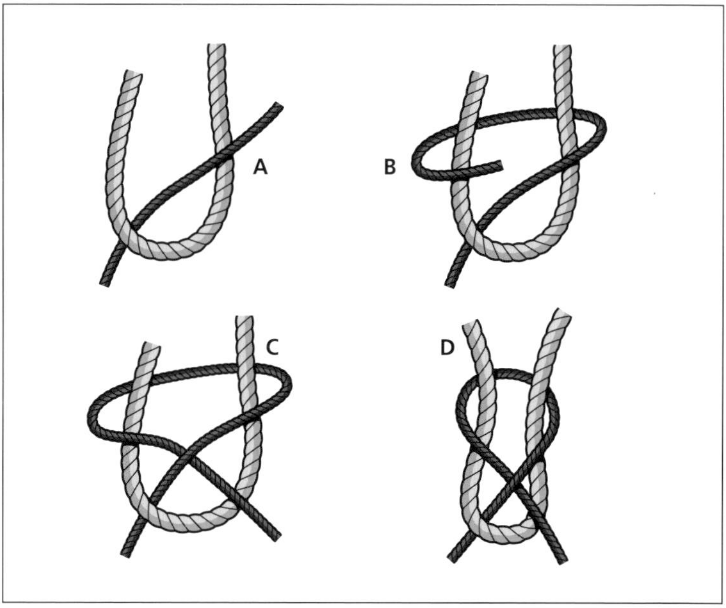


*Abb. 4*

*Der Schotstek hat seine Wurzeln in der Seefahrt, wenn ein Seil mit einem anderen verbunden werden muss.*

## Schlaufen

Müssen zwei Seile vorübergehend zusammengefügt werden, benutzt man Schlaufen für die Verbindung. Es spielt dabei keine Rolle, ob der Durchmesser der Seile gleich oder unterschiedlich ist. Auch nach starkem Zug ist die Verbindung leicht wieder lösbar.

Der **Schotstek (Abb. 4)** ist der vielleicht am häufigsten verwendete Knoten für die Verbindung zweier Seile. Er hat eine lange Tradition und wurde von jeher in der Seefahrerei genutzt. Mit dem leicht und schnell zu knüpfenden Knoten verband man die Schoten (die Leinen zum Bedienen der Segel) sowie Leinen und Seile unterschiedlichster Art und Durchmesser.

Legen Sie das Ende eines Seils so auf sich selbst zurück, dass eine Schlaufe entsteht. Das lose Ende des zweiten Seils wird von hinten nach vorne durch diese Schlaufe geführt. Anschließend führen Sie das lose Ende des zweiten Seils einmal komplett um die Schlaufe, wobei Sie es zunächst über das kürzere Ende der Schlaufe legen.

Das lose Ende wird nun auf der Vorderseite der Schlaufe unter das eigene feste Ende gesteckt und hinausgeführt. Zum Dichtholen ziehen Sie an der Schlaufe und am festen Ende des zweiten Seils. Der Knoten funktioniert auch gut bei unterschiedlichen Seildurchmessern.

Der **Trossenstek (Abb. 5)** oder **Kreuzknoten** eignet sich besonders bei der Verbindung großer, durchmesserstarker Seile und Taue. Er ist nach einer Belastung wieder leicht zu lösen.

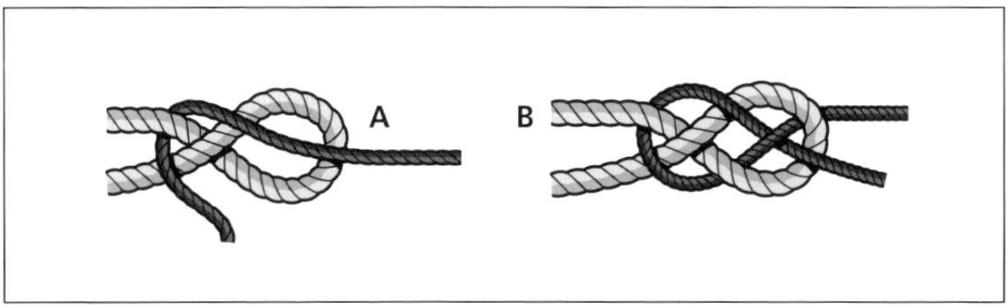


*Abb. 5*

*Der Trossenstek ist ein effizienter Knoten für die Verbindung zweier Leinen mit größerem Durchmesser.*

Legen Sie mit einem der Seile einen Kreuztörn. Das lose Ende des zweiten Seils wird nun zunächst unter das feste Ende und anschließend über das lose Ende des ersten Seils geführt. Dann wird das lose Ende des zweiten Seils hinter die Schlaufe geführt. Abschließend überqueren Sie nun das eigene feste Ende und führen das lose Ende nach unten aus der Schlaufe heraus. Ein Zug an allen vier Enden holt den Kreuzknoten dicht.

Der **Spierenstich (Abb. 6)**, auch **Fischerknoten** genannt, ist ein häufig verwendeter Knoten, um zwei glatte, stark gleitende Leinen wie zum Beispiel Angelschnüre zu verbinden. Er gehört zu den zehn wichtigsten Knoten, die man kennen sollte. Der Spierenstich ist hervorragend geeignet zum Verknüpfen von Seilen, die den selben Durchmesser besitzen. Im Grunde handelt es sich um zwei verschiebbare Überhandknoten. Werden die Seilenden unter Zug

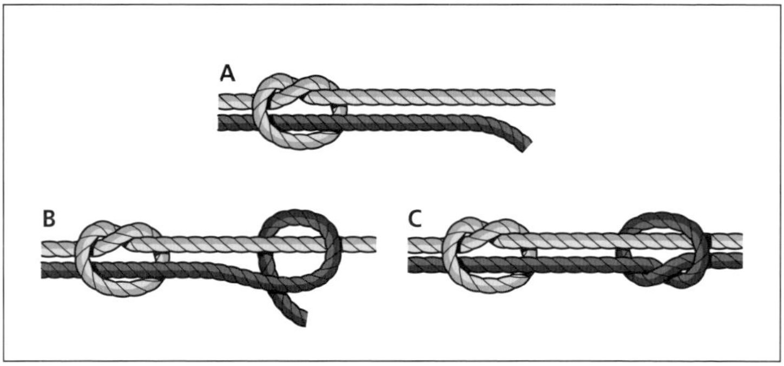


***Abb. 6***

*Der Spierenstich ist ein wirksames Mittel, um zwei Seile des gleichen Durchmessers zu verbinden, vor allem, wenn sie relativ glatt sind.*

gesetzt, gleiten sie aufeinander zu und hindern sich dabei gegenseitig am Durchrutschen.

Die losen Enden der zu verbindenden Seile werden aufeinander zugeführt und parallel ausgerichtet. Knüpfen Sie mit dem oberen Seil einen Überhandknoten um das andere Seil und holen Sie diesen dicht. Dasselbe machen Sie mit dem unteren Seil. Wenn Sie nun an beiden Seilenden ziehen, gleiten die Knoten aufeinander zu und blockieren sich gegenseitig.

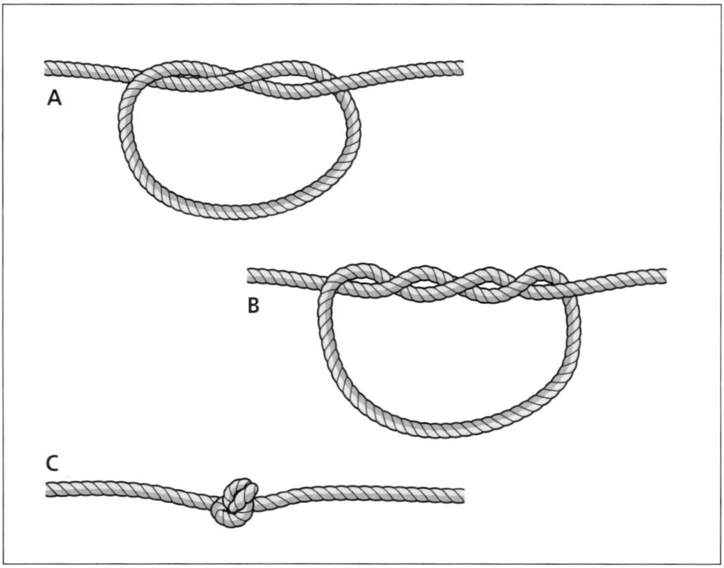


*Abb. 7*

*Die einfache Überhandschlaufe lässt sich binden, indem bei einem Überhandknoten das lose Ende durch den Knoten zurückgeführt wird.*

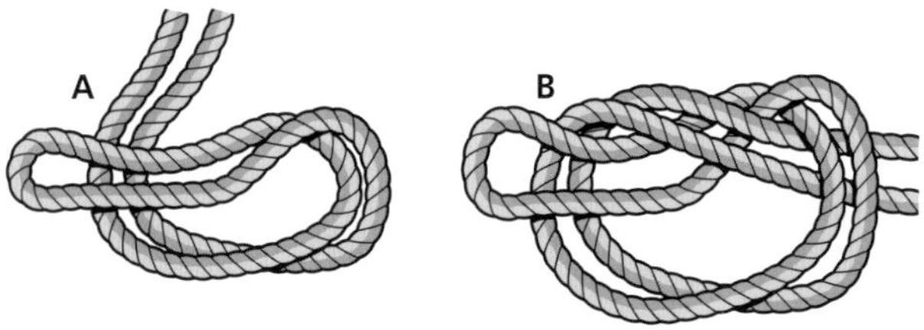


*Abb. 8*

*Legt man ein Seil am Ende doppelt und bindet darauf einen Überhandknoten, ergibt sich daraus eine doppelte Überhandschlaufe.*

Die **Überhandschlaufe (Abb. 7)** ist ebenfalls ein häufig angewandter Knoten, der sich unter Belastung zuzieht – und damit oft schwer wieder zu lösen ist. Die Schlaufe gibt es auch als doppelte Überhandschlaufe, indem man das eine Ende doppelt legt und darauf einen Überhandknoten bindet (**Abb. 8**).

## Verbindungsknoten (Bünde)

Wie ihr Name schon sagt, werden diese Knoten für die Verbindung von festen Materialien miteinander verwendet. Sie finden sich oft bei der Konstruktion von Unterkünften oder Flößen und werden im Kapitel 3 ausführlich behandelt.

Der **Kreuzbund (Abb. 9)** wird in der Regel verwendet, wenn zwei Holzstücke sich im rechten Winkel kreuzen und dieser Winkel bei

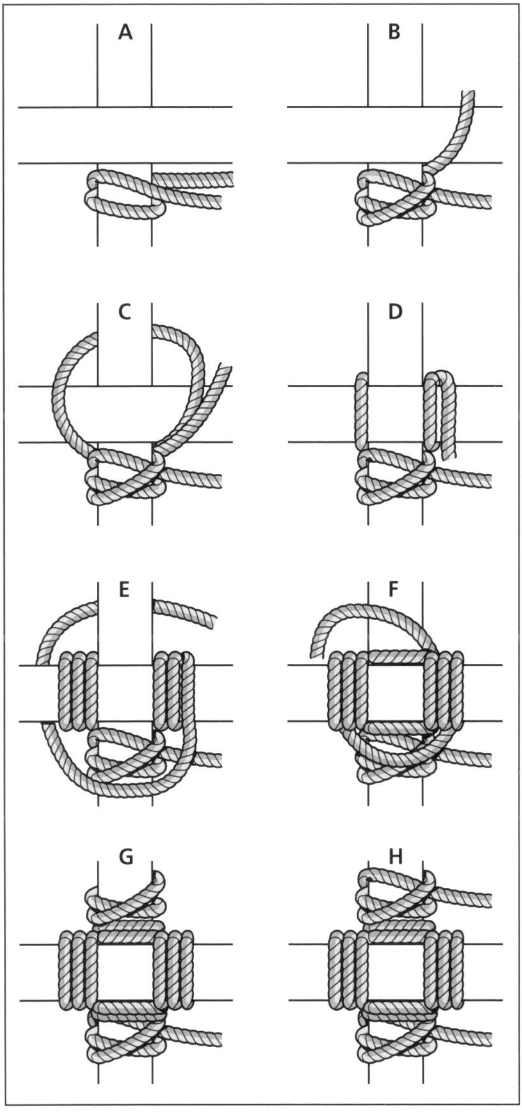


*Abb. 9*

*Der Kreuzbund ist ein wesentlicher Knoten für den Bau von Flößen oder Unterkünften.*

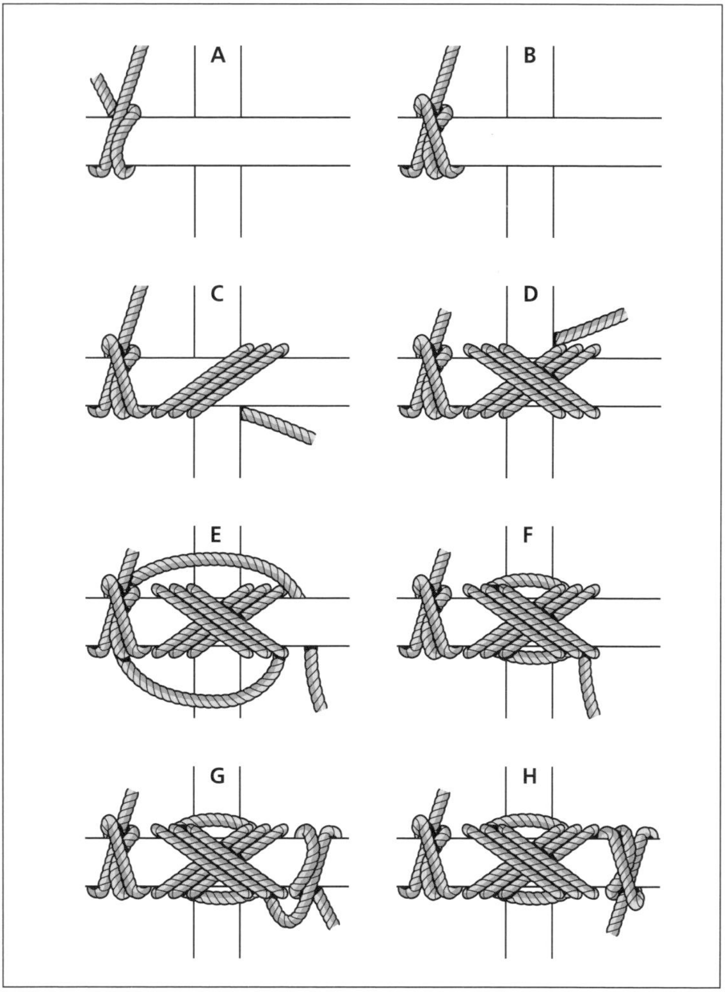


***Abb. 10***

*Diese Befestigung per Diagonalbund sollte dort verwendet werden, wo Stangen in einem Winkel zwischen 45 und 90 Grad kreuzverstrebt sind.*

der Verbindung auch möglichst exakt eingehalten werden soll.

B. Der **Diagonalbund (Abb. 10)** wird verwendet, um ein Holzstück an eine Querstrebe zu binden, ohne einen rechten Winkel zu halten.

C. Mit dem **Dreibeinbund (Abb. 11)** werden zum Beispiel die gespreizten Beine einer A-Stütze oder eines Dreibeins verbunden. Der Winkel ist hier beliebig.

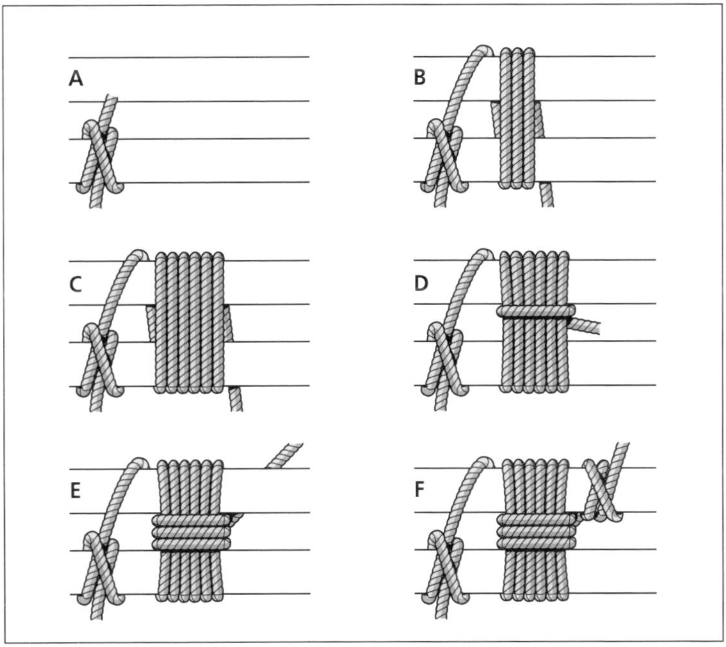


***Abb. 11***

*Dreibeinbund: Diese Verbindung lässt sich einsetzen, um die Beine einer A-Stütze oder eines Dreibeins zu verbinden.*

## Steks

Ein Stek ist ein Knoten, der verwendet wird, um ein Seil an einem anderen Objekt zu befestigen. Das kann eine Stange, ein Ring, ein Karabiner, ein Holm oder ein Haken sein. Man sollte darauf achten, den richtigen Stek auszuwählen, da einige dieser Verbindungen nur vorübergehend sein sollen, während andere als sicher und dauerhaft konzipiert sind. Die Sicherheit eines Steks kann auch davon abhängen, auf welchem Teil des Seils die Belastung liegt.

Der **Stopperstek (Abb. 12)** wird verwendet, um ein Seil an einer Stange festzubinden. Er nimmt einen Längszug in nur eine Richtung auf.

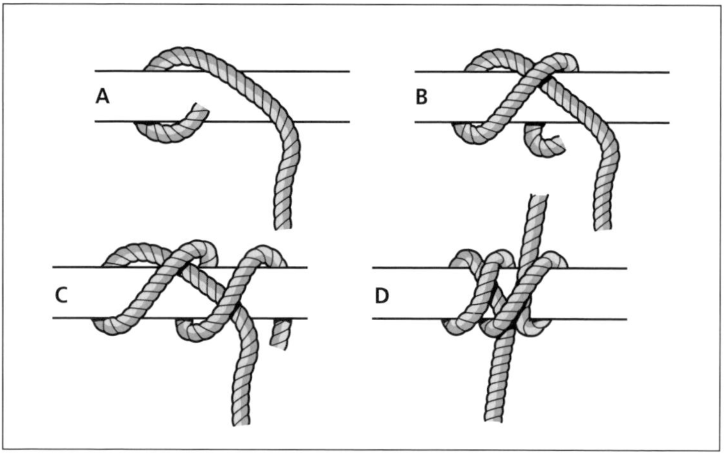


*Abb. 12*

*Der Stopperstek dient dazu, ein Seil an einem anderen Seil oder an einem festen Objekt wie einer Stange zu befestigen.*

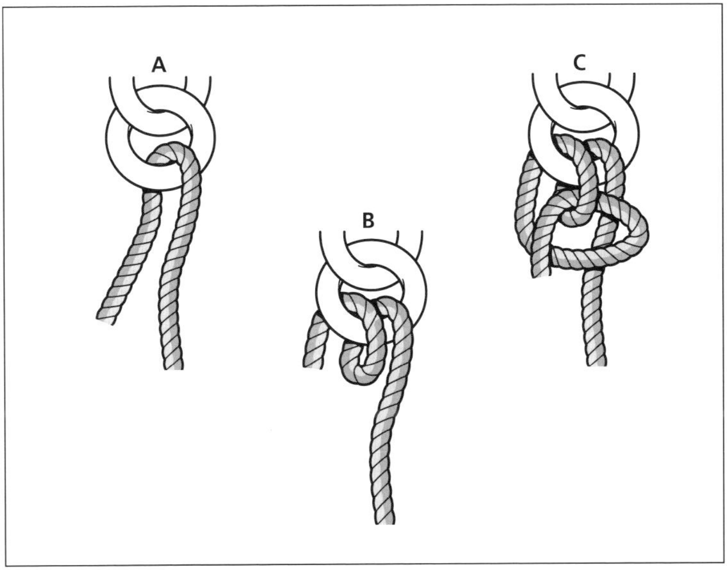


*Abb. 13*

*Roringstek: Dieser Knoten ist auch bekannt als Ankerschlaufe und wird zum Anbringen von Ankern an Ketten verwendet.*

Der **Roringstek (Abb. 13)** findet oft Verwendung, um ein Seil an einer Öse zu befestigen – wie etwa bei einem Anker oder einer Boje. Er ähnelt einem Rundbogen und zwei halben Schlägen.

Der **Zimmermannsknoten (Abb. 14)** wird verwendet, um zum Beispiel einzelne Rundhölzer, Stangen oder Baumstämme mit einem Seil hochzuziehen oder im Wasser zu schleppen, ohne dass das Seil abrutscht. Er ist relativ einfach zu binden.

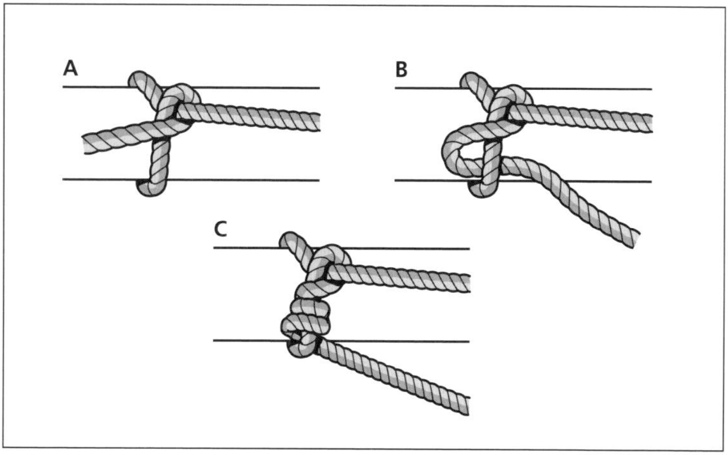


*Abb. 14*

*Der Zimmermannsknoten eignet sich sehr gut, um Bünde zu beginnen.*

## Ösen

Ösen oder Schlaufen sind besonders nützliche Knoten, die in verschiedenen Formen vorkommen und unterschiedliche Verwendungen haben. Eine Schlaufe kann zum Beispiel verwendet werden, um ein Boot zu befestigen, lässt sich aber auch um die Taille eines Menschen legen, um diesen zu sichern. Daneben sind zahlreiche weitere Anwendungen bekannt.

Der **Achterknoten (Abb. 15) mit einer Schlaufe (Öse)** kann so gebunden werden, dass anschließend etwas hindurchgeführt wird (Festmacher oder Haken) oder er kann wie ein Ring gleich um einen Gegenstand herumgebunden werden. Er ist sehr fest und lässt sich nur schwer wieder lösen.

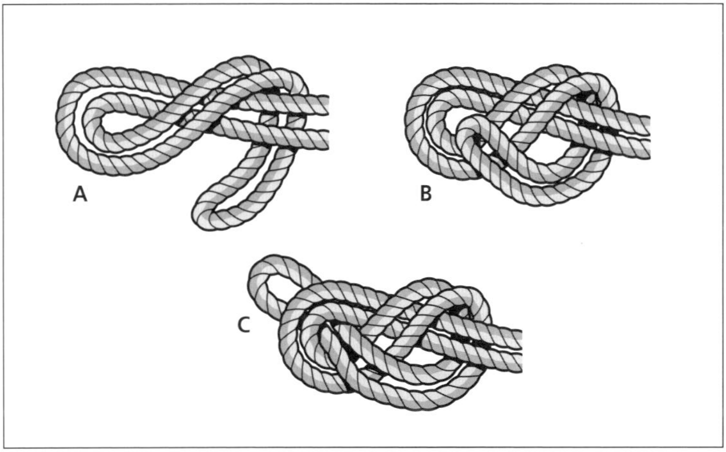


*Abb. 15*

*Der Achterknoten mit einer Schlaufe ist ein sehr fester Knoten.*

Der **Palstek (Abb. 16)** ist ein universeller Knoten, der als Festmacher verwendet wird oder als Handgriff benutzt werden kann. Er hat den Vorteil, eine feste Schlaufe zu bilden, die auch unter starkem Zug einfach zu lösen ist.

Wie wir im weiteren Verlauf dieses Buchs sehen werden, gibt es für jede gewünschte Anwendung die geeigneten Knoten – sei es an Land oder auf dem Meer, im Tal oder Hochgebirge, bei Outdoor-Aktivitäten aller Art im Dschungel oder dem eigenen Garten.

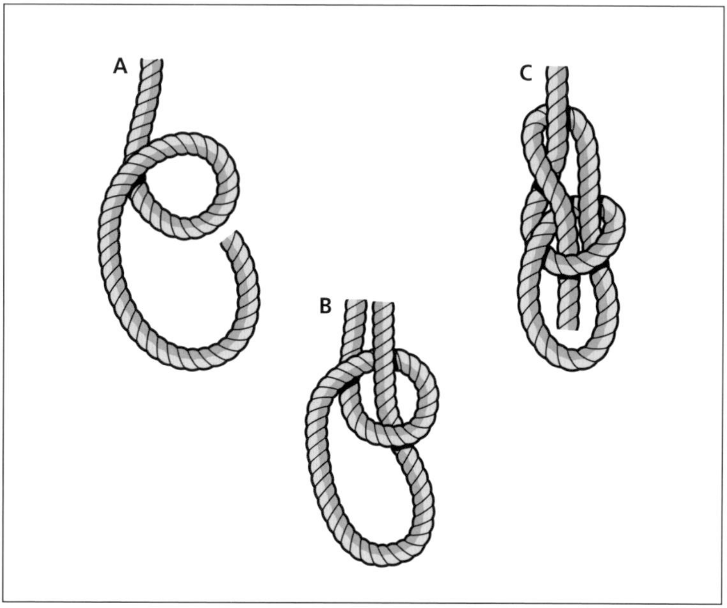


***Abb. 16***

*Der Palstek wird verwendet, um eine sichere Schlaufe am Ende eines Seils zu machen.*

# 2

# Mit Seilen und Knoten in den Bergen

Eine besondere Stellung bei der Kletterausbildung nimmt generell die Wahl des richtigen Seils ein. Je nach äußeren Bedingungen und Aktivität – sei es normales oder auch »städtisches« Klettern, Abseilen, Fels- oder Eisklettern: Das Seil muss auch mit schweren Anforderungen zurecht kommen. Niedrige wie auch hohe Temperaturen, UV-Strahlen oder Nässe dürfen keine Auswirkungen auf die Festigkeit haben. Am wichtigsten ist jedoch der Widerstand gegen eine plötzlich auftretende heftige Gewichtsbelastung, etwa beim Abfangen eines Sturzes. Dieses Ereignis ist die maximale Schockbelastung, sowohl für das Seil selbst als auch für jegliche Art der Befestigung, beispielsweise einen Karabiner oder Felshaken.

Seile sollten auch hinsichtlich ihrer Eignung zum Binden relevanter Knoten beurteilt werden – ob diese Knoten halten oder auch leicht wieder gelöst werden können. Ein intaktes, »gesundes« Seil ist sauber, biegsam, resistent gegen Wasser und Schmutz und besitzt genügend Flexibilität, um einen signifikanten Sturz zu verkraften, ohne dem betroffenen Kletterer Schaden zuzufügen.

Kletterer verwenden eine Reihe spezieller Knoten, die buchstäblich den Unterschied zwischen Leben und Tod ausmachen können. Sie richtig zu binden, ist daher absolut notwendig.

Es gibt zwei Arten von Kletterseilen: statische Seile und dynamische Seile. Der Unterschied zwischen einem statischen Seil und einem dynamischen Seil ist, dass ersteres für Kraft und Stabilität konzipiert ist, während das andere eine gewisse Elastizität hat.

Die technischen Entwicklungen bei der Seilkonstruktion und -herstellung haben die Sicherheit von Kletterern im Laufe der Jahrzehnte stark verbessert. Manila- und Hanfseile waren dafür berüchtigt, unter extremen Sturzbedingungen zu reißen, da sie zu unelastisch auf solche Belastungen reagieren. Die neuen Nylonseile sind diesbezüglich eine deutliche Verbesserung, obwohl sie dafür andere Schwächen haben, wie zum Beispiel die Anfälligkeit bei Knicken unter Schockbelastungen. Das moderne Kletterseil ist ein sogenanntes Kernmantelseil und wird aus losen Faserbündeln gebildet, die von einer geflochtenen Hülle umgeben sind. Solche Seile sorgen für eine ausreichende Dehnung, wenn sie zugbelastet sind.

Je nach Aufstiegsziel ist es wichtig, sich für die richtige Länge des Seils zu entscheiden. Diese kann zwischen 40 und 50 Metern variieren. Längere Seile haben natürlich Vorteile, wenn es um die größere Einzel-Länge des Seils geht – auf der Minusseite steht dann jedoch das höhere Gewicht.

## 2.1 Bruch- oder Reißfestigkeit

Die Bruch- oder Reißfestigkeit eines Seils wird neben den materialspezifischen Faktoren auch durch eine Reihe weiterer, äußerer Punkte beeinflusst. Natürlich muss das Seil gut gepflegt sein. Es sollte weder Knicke oder Abrieb zeigen, noch dem Einfluss schädlicher Flüssigkeiten oder extremer Kälte ausgesetzt gewesen sein. Kritisch dafür, ob ein Seil bei übermäßiger Belastung hält oder nicht, sind die Knoten darin – aber auch, ob es über eine Kante läuft. Ein Knoten wird ein Seil immer zu einem gewissen Grad schwächen, aber eine raue Felsenkante oder ein Karabiner ebenfalls.

Seile sind so hergestellt, dass sie verschiedene Potenziale für die Aufnahme von Energie aus einem Sturz haben. Ein Seil mit großer Elastizität wird natürlich die Auswirkungen eines Sturzes reduzieren, möglicherweise sich aber auch über das verträgliche Maß hinaus ausdehnen – mit dem Ergebnis, dass der Kletterer auf dem Boden aufschlägt.

Ein Seil mit geringer Ausdehnung kann umgekehrt für den fallenden Kletterer massive Nachteile in sich tragen, indem es den Sturz viel zu abrupt bremst. Dadurch schlägt der Bergsteiger zwar nicht auf dem harten Boden auf, erleidet aber durch den heftigen Ruck möglicherweise schlimme innere Verletzungen.

Der Fallfaktor ist eine Möglichkeit, die Schwere eines Sturzes zu bemessen. Er kann berechnet werden, indem man die Sturzhöhe durch die Länge des Seils, das verfügbar ist, dividiert. Die Faktormessung wird normalerweise mit Werten zwischen 0 und 2 angegeben, wobei 0 akzeptabel und 2 gefährlich ist. Fallfaktoren werden durch Zwischenschutz, Seilwiderstand und andere Größen beeinflusst.

## 2.2 Statische Seile und Beschädigungen

Seile, die beim Klettern verwendet werden, um die Auswirkungen eines Sturzes zu minimieren, werden als dynamische Seile bezeichnet. Daneben gibt es die so genannten statischen Seile. Sie sollen keine Stürze verhindern, sondern dienen ausschließlich zum Abseilen, zur Bergrettung oder zum Heben oder Senken von Ausrüstung. Sie werden manchmal auch für kunsthandwerkliche Arbeiten benutzt.

Aufgrund ihrer entscheidenden sicherheitsrelevanten Bedeutung beim Klettern sollten Seile mit besonderer Sorgfalt behandelt werden. Wenn ein Seil erfolgreich benutzt wurde, um einen Sturz zu verhindern, kann es durch die extreme Belastung intern beschädigt sein, ohne dass man den Schaden bemerkt. Gleiches gilt für Seile, die längere Zeit über scharfe Felsenkanten (ge-) laufen (sind). Das Treten auf Seile ist ebenfalls nicht gerade zu empfehlen, da auf diese Weise Sandkörner in die Seilfasern gequetscht werden und so Schäden verursachen können. Erst recht entstehen natürlich Schäden, wenn man mit Steigeisen auf ein Seil tritt!

Wenig bekannt ist auch das Phänomen, dass Seile durch extreme Kälte – wie etwa durch längeres Liegen im Schnee oder auf Eis – ihre Festigkeit wie auch Elastizität verlieren können. Bei direkt anschließendem Gebrauch sollte man Vorsicht walten lassen.

Wenn ein Seil gut weiter verwendet werden soll, nachdem es einem Extremereignis wie einem Sturz ausgesetzt war, müssen bestimmte Kontrollen durchgeführt werden. Das Seil muss auf seine gesamte Länge auf Anzeichen von Belastung oder Beschädigungen überprüft werden. Wenn es Knoten im Seil gibt, sind diese mit Sorgfalt zu entfernen, da die Knoten wahrscheinlich durch die Wucht des

Fallstopps übermäßig eng gezogen worden sind und das Seil entsprechend geschwächt worden sein kann.

Selbst beim normalen, pfleglichen Umgang können Seile verdrehen und knicken und somit Schaden nehmen. Es ist daher ratsam, sie von Zeit zu Zeit genau auf Unregelmäßigkeiten zu untersuchen. Die durchschnittliche, sichere Einsatzzeit von Kletterseilen beträgt zwei Jahre, solange man sinnvolle Vorkehrungen trifft. Dies hängt aber auch von der Zahl der Einsätze ab. Fünf Jahre sind für ein Kletterseil das Maximum an sicherer Lebenserwartung.

## 2.3 Die Seilpuppe (Spule)

Das Seilmanagement ist ein wichtiger Aspekt des Bergsteigens. Wenn ein Seil für längere Zeit nicht mehr im Einsatz ist, sollte man es aufrollen und wegräumen. Zu groß ist sonst die Verletzungsgefahr. Beim Bergsteigen kann man über ein lose herumliegendes Seil stolpern und abstürzen. Ähnliches gilt in der Seefahrt. Von dort stammt auch der Fachausdruck: ein Seil aufschießen.

Die sinnvollste Methode, ein Seil aufzuschießen, ist die sogenannte Spule oder Puppe. Wir verwenden hier letzteren Begriff. Dabei wird das Seil aufgewickelt und mit einem oder mehreren Rundtörns gesichert. Bei leichtem Tauwerk kann das Aufschießen über dem Arm erfolgen, bei schweren Seilen legt man die Wicklungen auf dem Boden ab. Die gleiche Länge entsteht durch die immer gleiche Armspanne beziehungsweise den gleichen Wicklungsdurchmesser. Auf diese Weise lässt sich ein Seil stets leicht transportieren, sicher lagern und effizient benutzen.

## Einfache Seilpuppe

Wie der Name schon sagt, ist das die einfachste aller Puppen (**Abb. 17**). Nehmen Sie das Seilende in die linke Hand und wickeln Sie es dann locker um den linken Arm: Von der Hand um den Ellenbogen und zurück über die Handfläche. Etwa einen Meter vor dem Ende legen Sie um das entstandene Bündel (**Abb. 17 A**) oben (nahe Ihrer Hand) einen Rundtörn (**Abb. 17 B+C**). Je nach

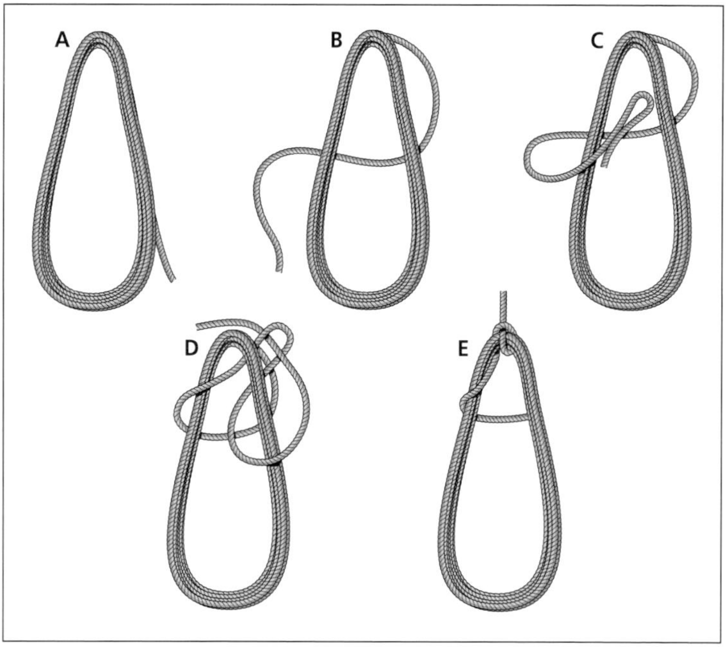


*Abb. 17*

*Die einfache Spule ist eine effiziente Art, Seile aufzuräumen und zu lagern. Sicher gebunden und aufgehängt sind sie jederzeit einsatzfähig.*

Bedarf können noch weitere Rundtörns folgen. Das Seilende wird dann als Bucht durch das kleine Auge gezogen (**Abb. 17 C+D**), das lose Ende durch diese Bucht geführt und das ganze stramm festgezogen (**Abb. 17 E**).

Durch die Seilspule ergibt sich ein kurzes, freies Ende, an dem man die Puppe anfassen und tragen kann. In dieser Form kann das Seil aufgehängt oder auf eine Klampe gelegt und gesichert werden. Dickes Tauwerk lässt sich so leichter transportieren, da man nur ein Ende in der Hand hat und nicht die ganze Rolle über dem Arm liegt.

### Bergsteiger-Seilpuppe (Alpine Seilpuppe)

Diese Form der Wicklung wird häufig von Kletterern verwendet. Um sie zu erzeugen, greift man das Seil mit der

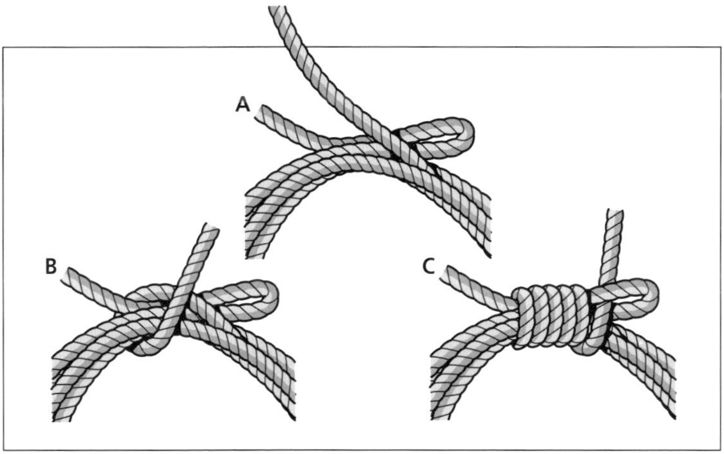


*Abb. 18*

*Die Bergsteiger-Seilpuppe wird – wie übrigens alle Puppen – gewöhnlich im Uhrzeigersinn gewickelt.*

einen Hand am Ende und mit der anderen Hand etwa einen Meter davon entfernt. Aus dieser Seillänge wird eine Schlaufe gelegt, indem Sie beide Hände zusammenbringen und das Seil auf das Ende legen. Sie messen erneut etwa einen Meter ab und wiederholen den Vorgang so oft, bis Sie gut zwei Meter vor dem Ende des Seils sind. Der erste Teil des liegenden (aufgerollten) Seils wird durch Halbieren des Rings (zusammenklappen) auf sich selbst verdoppelt, der Rest des Seils mittig um die so entstandenen zwei Schlaufen gewickelt. Die Puppe kann dadurch nicht auseinanderfallen und lässt sich gut tragen.

### Rucksackpuppe

Die Rucksackpuppe ist ähnlich der Dichten Spule (siehe S. 56), nur dass das Seil zum Abschluss durch die Wicklungen geführt wird, anstatt nur drumherum. Das erhöht die Festigkeit der Puppe.

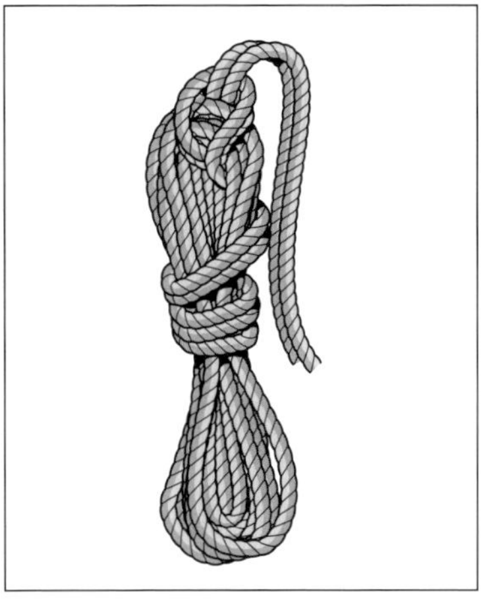

*Abb. 19*
*Zum Abschluss der Wicklungen wird das lose Ende durch die Wicklungen geführt.*

Zuerst das Seil in der Mitte fassen und dann jeweils zwei Längen à einen Meter nach der eben beschriebenen Methode zur Puppe wickeln. Sobald etwa vier Meter übrig sind, schieben Sie ein Seil durch die Wicklungen und ziehen Sie die losen Enden durch das entstandene Auge.

## Klampenpuppe

Auch hier deutet der Name schon auf die Methode hin, wie ein Seil aufgewickelt wird, von dem ein Ende im Einsatz ist. Hier wird mit

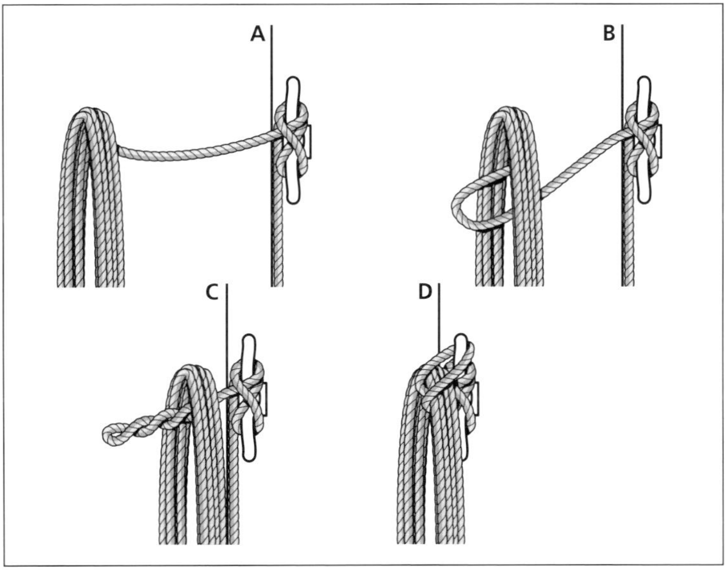


*Abb.20*

*Die Klampenpuppe ist speziell angepasst, um ein noch im Einsatz befindliches Seil aufzuwickeln.*

dem Aufschießen immer am festen Seilende begonnen, damit sich zum losen Seilende hin alle Kringel herausarbeiten lassen.

Leinen, die an einem Belegnagel oder einer Mastklampe belegt sind (bei Booten vor allem Fallen, das heißt Seile zum Hochziehen der Segel), werden nach dem Aufschießen (Aufrollen) nicht zusammengebunden. Die sauber gelegten Buchten werden mit einem Kopfschlag gesichert. Dazu wird ein Stück des kurzen, festen Seilendes zwischen Klampe und Puppe als Bucht von hinten nach vorne durch die Spule gezogen. Diese Bucht wird zweimal verdreht und über den oberen Teil des Belegnagels oder das obere Klampenhorn gelegt. Ein so gesicherter Bunsch kann jederzeit losgeworfen werden.

Nehmen Sie nach dem Aufwickeln des Seils die Spule in die linke Hand und lassen Sie etwa 25 Zentimeter des stehenden Teils zwischen Spule und Klampe frei. Führen Sie Ihre rechte Hand durch die Spule, greifen Sie diesen stehenden Teil und ziehen Sie ihn als Bucht nach vorn durch die Spule. Dann verdrehen Sie die Bucht ein paarmal und haken sie auf dem oberen Teil der Klampe ein.

## Dichte Puppe (Spule)

Diese Form der Puppe wird manchmal verwendet, wenn es keine Möglichkeit gibt, sie aufzuhängen (**Abb. 21**). Sie ist einfach zu binden und zuverlässig.

Nach dem Aufschießen behalten Sie etwa 1,2 Meter Seil übrig (**Abb. 21 A**). Dieses lose Ende wickeln Sie drei- bis viermal als Rundtörn um die Spule, wobei Sie ein großes und ein kleines Auge in der Puppe produzieren (**Abb. 21 B+C**). Letzteres Auge sollte ungefähr einen Durchmesser von 15 Zentimetern haben. Wenn noch etwa

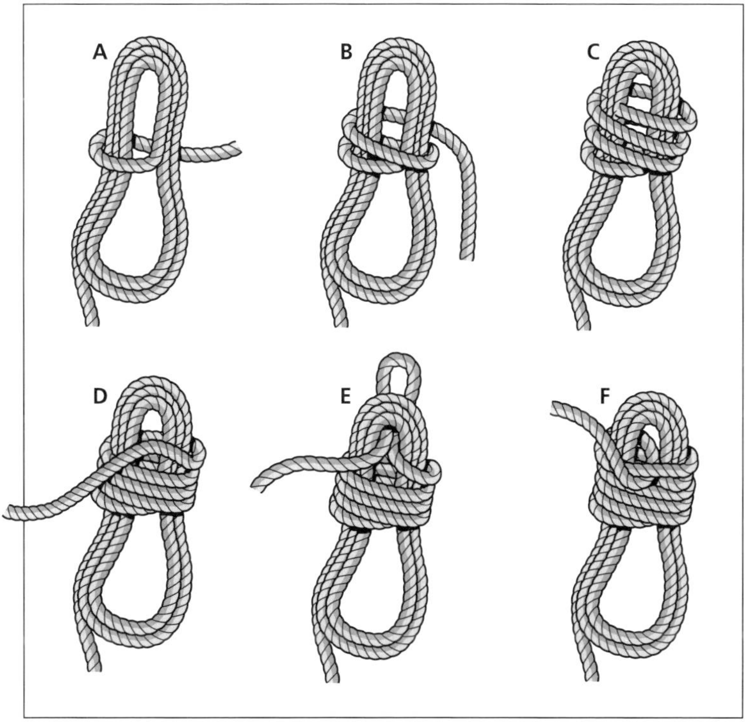


*Abb. 21*

*Die Dichte Spule ist eine alternative Möglichkeit zum Aufschießen eines Seils, wenn es keine Möglichkeit zum Aufhängen gibt.*

30 Zentimeter des losen Endes übrig sind, schieben Sie es als Bucht durch das kleine Auge nach hinten (**Abb. 21 D+E**) und klappen die Bucht anschließend über die Spule nach vorn (**Abb. 21 F**). Ziehen Sie das lose Ende und die Rundtörns fest, so dass die Puppe gesichert ist. Jetzt können Sie sie weghängen oder -legen.

## Staufachpuppe

Das ist eine weitere sichere Art, eine Spule zu sichern und zu verstauen. Sie ähnelt den zuvor beschriebenen Puppen, hat aber zum Aufhängen eine längere Öse (**Abb. 22**).

Schießen Sie das Seil zu einer Spule auf und erzeugen Sie mit dem losen Ende eine Bucht von etwa 60 Zentimetern Länge (**Abb. 22 A+B**). Nehmen Sie die Bucht hinter die Spule (**Abb. 22 C**) und ziehen Sie sie dann nach vorne hindurch. Führen Sie die Bucht daraufhin nach oben und ziehen Sie sie unter ihrem stehen-

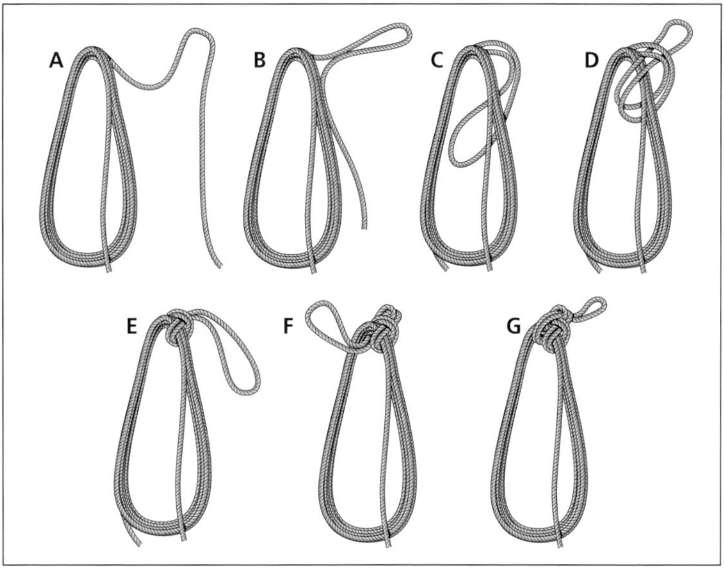


*Abb. 22*

*Die Staufachpuppe ermöglicht es, dass das Seil ordentlich aufgewickelt wird und eine große Schlaufe zum Aufhängen besitzt.*

den Ende durch (**Abb. 22 D+E**). Wiederholen Sie diesen Vorgang (**Abb. 22 F+G**). Die Öse zum Aufhängen ist nun festgezogen und so sicher, dass sie sich beim Aufhängen nicht mehr verändert.

### Schmetterlingspuppe (Doppel-Hank)

Starten Sie in der Mitte des Seils und legen Sie es links und rechts quer über ihre andere Hand. Sobald das Seil fast komplett aufgewickelt ist, beenden Sie den Vorgang wie bei der Rucksackpuppe.

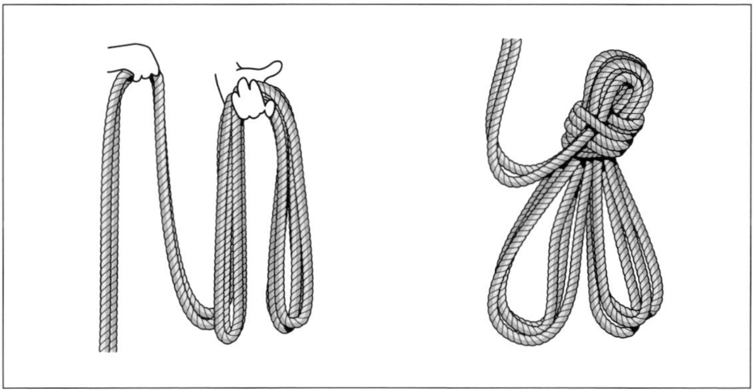

*Abb. 23*

## 2.4 Der Seilwurf

Überprüfen Sie zuerst, ob Sie genug Seil haben, um das Ziel zu erreichen, zu dem Sie werfen wollen – sei es eine Pier, ein anderes Boot oder über die Felskante hinaus. Dann legen Sie sich das Seil entsprechend parat. Dazu öffnet die werfende (oben stehende) Person eine Puppe und legt sie als Paket derart auf den Boden, dass die Wicklungen lose aufeinanderliegen. Dabei ist darauf zu achten, dass keine Knicke oder Überkreuzungen vorhanden sind. Das untere Ende des Seils sollte fixiert werden.

Nun nimmt man das obere, lose Ende des Seils in eine Hand und gibt zwischen sechs und acht große Schlaufen – Länge jeweils etwa einen Meter – dazu. Diese Wicklungen legt man als Stapel auf dem Boden ab, bevor man den Vorgang wiederholt und einen zweiten Satz an Wicklungen erzeugt. Beide Stapel werden dann zum Wurf locker in jeweils eine Hand genommen. Die Rolle mit dem losen Ende liegt dabei in der jeweiligen Wurfhand – rechts oder links – und die zweite Wicklung in der anderen Hand.

Entsprechend der physischen Bedingungen oder Vorlieben kann der Werfer das Seil nun über- oder unterhändig werfen. Zuerst wird die mittlere Wicklung geworfen, gefolgt von der Puppe mit dem losen Seilende. Dadurch kann sich das Seilende nicht irgendwo verhaken, sondern fliegt erst zum Schluss ganz nach unten. Vor dem Wurf wird der Untenstehende per Warnruf informiert.

## 2.5 Anbinden

Das Anbinden an ein Seil kann in vielerlei Hinsicht erfolgen und hängt davon ab, ob der Kletterer ein Gurtzeug trägt sowie das Ausmaß und Schwierigkeiten des Aufstiegs. Theoretisch kann das Seil einfach mit einem Achterknoten samt zusätzlichem Stopper oder mittels Palstek um die Taille gebunden werden. Die Gefahr einer solchen Seilbindung besteht darin, dass sie bei einem Sturz meistens gravierende Verletzungen an inneren Organen verursacht. Es sind aber auch andere Komplikationen möglich.

Normalerweise tragen Bergsteiger heute Klettergurte, die es in zahlreichen Variationen gibt. Sie bieten im Falle eines Sturzes

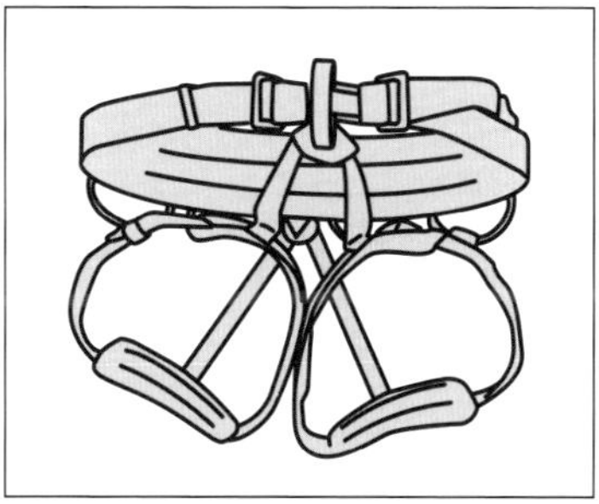

***Abb. 24***

*Der Sitzgurt ist heute die von Bergsteigern am häufigsten verwendete Körpersicherung. Allerdings birgt er auch immer das Risiko des Umkippens, falls der Kletterer bewusstlos ist. Verletzungen der Wirbelsäule sind mögliche Folgen.*

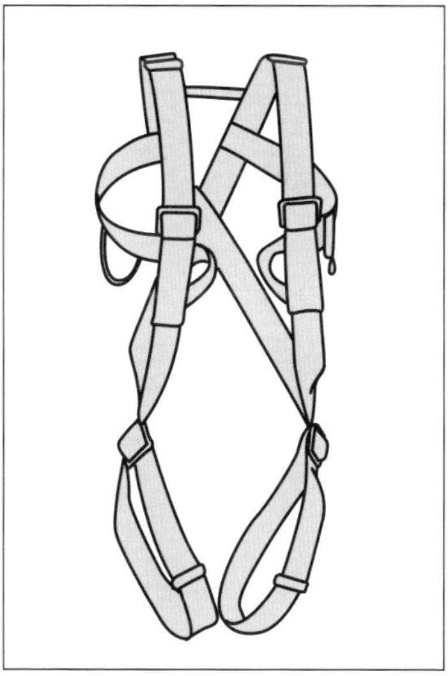

***Abb. 25***

*Der Vollgurt sorgt für die sicherste Unterstützung des Körpers im Fall, dass der Oberkörper nach hinten kippt, und verhindert dadurch vor allem auch Rückenverletzungen.*

deutlich mehr Komfort und Schutz. Die am häufigsten genutzten Gurte sind Sitzgurte (**Abb. 24**), die einen Taillengurt mit Oberschenkelschlaufen kombinieren. Alternativ gibt es auch Ganzkörpergurte (**Abb. 25**), die zusätzlich um Schultern und Brust gehen. Hier ist das Seil an einem höheren Punkt fixiert und verhindert dadurch, dass ein möglicherweise bewusstloser Kletterer mit seinem Oberkörper und Kopf nach rückwärts kippt. Das ist bei einem Sitz- oder Taillengurt ungünstig. Bei einem Taillengurt wird das Seil durch die Taillen- und die Beinschlaufen geführt und meist mit einem Achterknoten samt Stopper befestigt.

Obwohl das Gurtzeug ein sicheres Gerät darstellt, dessen einziges Problem in der Wahl und Ausführung des Befestigungsknotens zu liegen scheint, sind auch Gurte nicht ewig haltbar. Wie viele andere Hilfsmittel können sie durch falsche Behandlung oder Verschleiß in ihrer Festigkeit nachlassen, was unter Umständen schlimm enden kann.

Es gibt eine Vielzahl von Möglichkeiten, ein Seil als Sicherung an einer Verankerung zu befestigen. Das hängt von den besonderen Umständen des Aufstiegs, der Länge des Seils und dem Gestein ab. Nicht zuletzt spielt auch das Gewicht des Kletterers eine Rolle.

### Einzelanker

Beim Bergsteigen und Sportklettern versteht man unter dem Begriff »Anker« einen Fixpunkt oder Sicherungspunkt zur zuverlässigen Befestigung eines Seils, einer Bandschlinge, eines Expresssets oder eines Karabinerhakens. Fixpunkte werden für Zwischensicherungen und für die Einrichtung von Standplätzen benötigt. Bei Standplätzen sowie beim Abseilen sind besonders zuverlässige Fixpunkte erforderlich, da hier ein Versagen besonders schwerwiegende Konsequenzen hat. In diesen Fällen erfolgt die Sicherung meist unter gleichzeitiger Verwendung mehrerer Fixpunkte.

Bei vielen eingerichteten Routen im Fels finden sich vorbereitete Fixpunkte in Form von Bohrhaken. Oft müssen Fixpunkte aber auch durch den Bergsteiger selbst unter Verwendung des entsprechenden Materials angebracht werden. Solche Fixpunkte werden dabei im Regelfall vom Vorsteigenden gesetzt und vom Nachsteigenden wieder entfernt.

### Mehrfachanker

Zwei Anker sind oft erforderlich, um eine ausreichende Sicherheit für einen Bergsteiger zu bieten. Damit dieses System effizient arbeiten kann, muss die Last zwischen beiden Ankern richtig verteilt werden. Hat man diesen Faktor nicht berücksichtigt, wirkt der Mehrfachanker wie zwei einzelne Anker, die beide nacheinander ausfallen können.

## 2.6 Seilsysteme

Kletterer können – je nach Komplexität des Aufstiegs – eine Vielzahl von Seilsystemen nutzen. Das Einzelseilsystem ist das simpelste, obwohl es nicht unbedingt auch bei einfachen Aufstiegen verwendet wird. Schneller und direkter funktioniert mit einem einzelnen Seil auf jeden Fall das Einfädeln in die Sicherungskarabiner der Felshaken. Damit ist die Sicherung einfacher. Die Grenzen des Einzelseilsystems zeigen sich in dem Moment, wenn der Aufstieg komplexer wird und die Gefahr besteht, dass bei einem möglichen Sturz ins Seil Anker aus dem Felsen herausgerissen werden.

Ein Doppelseilsystem ermöglicht einen größeren Schutz, obwohl es auch ein komplexeres System ist. Es kann Probleme verursachen, wenn es nicht geplant und korrekt gehandhabt wird. Allerdings hat dieses System eine höhere Sicherheit, denn es ist unwahrscheinlich, dass beide Seile aus dem gleichen Grund versagen – weil sie zum Beispiel auf einer scharfen Felskante durchtrennt werden. Das macht das Doppelseilsystem sicherer.

Eine weitere Möglichkeit ist, zwei Seile so zu benutzen, als wären sie eins. Diese Variante bietet eine Sicherung gegen eventuelles Versagen eines einzelnen Seils.

## 2.7 Abseilen

Bei zahlreichen Klettertouren ist es erforderlich, nach dem Durchstieg einer Route wieder zum Ausgangspunkt am Boden zurückzukehren. Dazu muss man sich abseilen. Im Laufe der Jahrzehnte sind beim Bergsteigen und Klettern verschiedene Abseiltechniken entwickelt worden. Zunächst wurde das Seil in verschiedenen Formen um den Körper gelegt, seit den 1970er-Jahren wurden zunehmend eigens entwickelte Geräte und Karabinerhaken verwendet (Abseilachter). Allen Methoden ist gemeinsam, dass sie zur Bremsung die Reibungswirkung ausnutzen, die durch ein- oder mehrfache Windungen des Seils entsteht. Vom Abseilen zu unterscheiden ist das Ablassen, bei dem eine andere Person das Bremsen übernimmt.

Zum Abseilen muss der Kletterer natürlich sicher am Seil befestigt sein, und das Seil muss wiederum sicher an einem Fixpunkt angebracht werden. Natürliche Anker wie Bäume oder Felsspitzen lassen sich gut zum Abseilen verwenden. Andernfalls kann der Kletterer eine Reihe von Pflöcken einschlagen, um die auftretende Last zu verteilen.

Generell hängt die Sicherheit des Kletterers hauptsächlich davon ab, wie sicher er das System anwendet. Und egal, ob es sich um den korrekten Sitz der Ausrüstung geht oder die Qualität des Seils – alle Teile müssen effizient funktionieren. Weiter muss der Absteigende vor allem auch dafür sorgen, dass er bei dem Vorgang nicht über das Seilende hinaus abseilt und somit abstürzt. Eine Endacht ist hier überlebenswichtig!

## Schnellabseilen

Das so genannte Schnellabseilen (**Abb. 26**) ist die beste Methode, ein einfaches Seil zu diesem Zweck zu benutzen. Bei dieser Technik bewegt man sich seitwärts.

***Abb. 26***
*Das Schnellabseilen ist ein Mittel zum Absteigen einer Wand oder Steilhangs mit nichts anderem als einem sicher verankerten Seil.*

Falls Sie kurzärmelig sind, krempeln Sie Ihre Ärmel wieder herunter oder ziehen Sie wegen der Verletzungsgefahr etwas Langärmeliges über. Ziehen Sie eventuell auch Handschuhe an, denn ein schnell durch die Hände laufendes Seil erzeugt Verbrennungen. Drehen Sie das Gesicht leicht seitwärts.

Im ersten Schritt legen Sie das Seil über den Rücken und fassen es mit beiden Händen – Handflächen nach vorne. Dann strecken sie die Arme aus. Benutzen Sie die Hand, die dem Anker am nächsten liegt, zum Führen des Seils. Setzen Sie die Hand, die am weitesten vom Anker entfernt ist, als Bremshand ein.

Lehnen Sie sich in einem mäßigen Winkel von etwa 30 bis 35 Grad vom Hang weg und beginnen Sie, mit kleinen Schritten langsam rückwärts und etwas seitwärts zu laufen. Behalten Sie den optimalen Winkel zur Felswand bei. Schauen Sie nach unten, während Sie mit der Bremshand Ihre Geschwindigkeit kontrollieren. Überkreuzen Sie nicht Ihre Füße, sondern setzen Sie stets denselben Fuß an der unteren Position ein (Tal-Fuß).

Zum Abbremsen beim Schnellabseilen legen Sie einfach die untere (Brems-) Hand quer über Ihre Brust nach vorn. Dadurch wird das Seil um Ihren Rücken herumgeführt und verlangsamt sich. Gleichzeitig wenden Sie Ihren Oberkörper nach oben mit Blickrichtung zum Ankerpunkt.

### Körperabseilen im Dülfersitz

Beim sogenannten Körperabseilen (**Abb. 27**) müssen Sie vorab einige grundlegenden Schritte sicherstellen. Diese Technik wird auch »Abseilen im Dülfersitz« genannt.

Vergewissern Sie sich, dass alle Verbindungen sicher gebunden sind und der Hang unter Ihnen frei ist. Sie spannen nun das von oben

*Abb. 27*
*Für den Dülfersitz wird das Seil oben mit der Führungshand umgriffen und von dort zwischen die Beine nach hinten gegeben. Um einen Oberschenkel herum geht es dann diagonal über die Brust zur bergwärts gerichteten Schulter, über diese hinweg auf den Rücken und unter der talseitigen Schulter durch zur Bremshand.*

kommende Seil, führen es von vorn zwischen Ihren Beinen hindurch nach hinten und um einen Oberschenkel herum wieder nach vorn. Von dort geht es diagonal über die Brust zur bergwärts gerichteten Schulter, über diese hinweg auf den Rücken und unter der talseitigen Schulter durch zur Bremshand, mit der Sie das Seil festhalten.

Um nach unten zu gehen, senken Sie die Bremshand und verwenden die andere Hand als Führung. Halten Sie mit gespreizten Beinen einen festen Winkel zur Felswand. Halten Sie beim Abwärtsgehen die ganze Zeit Sichtkontakt zu Ihren Füßen. Wenn Sie jetzt verlangsamen oder stoppen möchten, drehen Sie einfach den ganzen Körper in Richtung Wand, lehnen sich zurück und schauen nach oben, wobei Sie gleichzeitig Ihre untere (Brems-) Hand quer über die Brust legen. Dadurch verlangsamt sich das um Ihren Rücken herumgeführte Seil bis zum Stillstand.

Beide beschriebenen Abseiltechniken sind seit Einführung des metallenen Abseil-Achters nicht mehr gebräuchlich. Hingegen wird der Karabinersitz – zwar selten – auch heute noch verwendet, wenn kein Abseil-Achter oder ein anderes zum Abseilen geeignetes Sicherungsgerät zur Verfügung steht. Dülfersitz und Karabinersitz sind Methoden, die vor dem Aufkommen von Sitz- oder Komplettgurt angewandt wurden.

### Abseilen im Karabinersitz

Diese Technik erfordert zunächst den Bau eines Abseilsitzes (**Abb. 28**) aus einem Seil. Die abseilende Person ist damit fest mit dem Seil verbunden und hat eine optimale Kontrolle über ihre Geschwindigkeit. Auch hier sollten eventuell hochgekrempelte Ärmel heruntergerollt und Handschuhe angezogen werden.

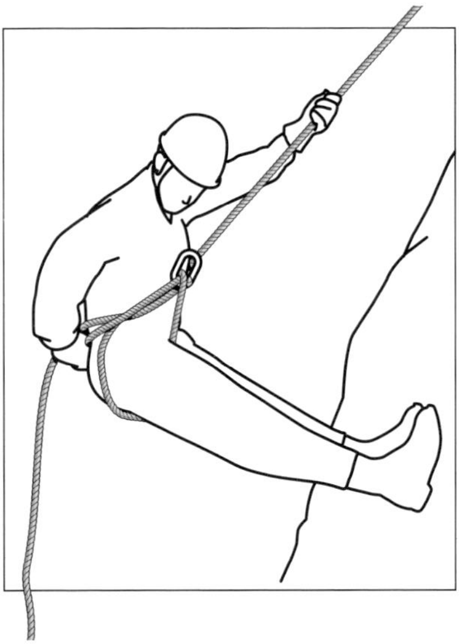

*Abb. 28*
*Die abseilende Person ist fest mit dem Seil verbunden und hat eine optimale Kontrolle über ihre Geschwindigkeit.*

Im nächsten Schritt legen Sie einen verriegelbaren Karabiner auf den Abseilsitz, so dass die Öffnung nach oben zeigt. Steigen Sie auf das Seil, mit der linken Schulter zum Fixpunkt. Nehmen Sie das lose Ende des Seils, führen es durch den Karabiner, einmal um ihn herum und erneut durch ihn hindurch. Prüfen Sie, ob die Karabiner-Sicherung fest sitzt.

Zum Bremsen fassen Sie das Seil mit der Bremshand und legen Sie diese auf Ihren Rücken. Dadurch entsteht genug Reibung, um die Abwärtsbewegung zu verlangsamen oder zu stoppen.

Beim Abseilen sollten die Beine einen Winkel von etwa 45 Grad zum Felsen haben und der Körper gleichzeitig fast vertikal aufgerichtet sein. »Gehen« Sie rückwärts den Felsen abwärts und steuern Sie die Geschwindigkeit des Seils mit Ihrer Bremshand. Die Füße sollten flach auf den Felsen aufliegen, und die Schritte nach unten klein sein. Versuchen Sie, den Ruck auf das Seil zu reduzieren, indem Sie nicht vom Felsen wegspringen. Dieses Springen könnte eine gefährliche Zugbelastung auf den oberen Fixpunkt des Seils hervorrufen, wodurch sich dieser lösen und es zu einem fatalen Absturz kommen könnte.

Seien Sie sich bewusst, dass unterschiedliche Seiltypen und -durchmesser sowie verschiedene Umwelt- und Wetterbedingungen die Art und Weise beeinflussen können, wie das Seil durch das Bremssystem läuft.

Und vergessen Sie auf gar keinen Fall, das zum Abseilen benutzte Seil an seinem Ende mit einer Endacht zu sichern, damit es Ihnen nicht durch die Hand rutscht – oder noch schlimmer: Auch noch durch den Gurtkarabiner durchrauscht!

## 2.8 Aufsteigen am Seil

Das Aufsteigen an einem Seil kann eine nützliche Technik sein, wenn ein Kletterer zum Beispiel in eine Gletscherspalte gefallen ist und aus eigener Kraft wieder hochklettern muss. Für dieses Verfahren gibt es einige hilfreiche Knoten, mit denen man Steigmittel herstellen kann. Deren Basis ist der 1931 von Dr. Karl Prusik, einem österreichischen Musikpädagogen und Bergsteiger, erfundene Klemmknoten, der heute seinen Namen trägt.

### Kreuzklemmknoten

Der Kreuzklemmknoten (**Abb. 29**) ist eine Variante des klassischen Prusikknotens. Sein Vorteil ist, dass er sich auch mit biegsamem Schlauchband binden lässt. Die Basis für seine Festigkeit sind Reibung und Klemmwirkung.

Zum Binden wickeln Sie eine fest gebundene Schlinge um das Aufstiegsseil, so dass zwei Ösen entstehen (**Abb. 29 A** und **Abb. 30 A–C**). Setzen Sie diesen Vorgang fort, bis nur eine kleine Schlaufe übrig bleibt. Der obere »Schwanz« der Schlinge wird dann durch die untere Schlaufe geführt und festgezogen, um den Knoten zu sperren (**Abb. 29 B**).

Eine zweite Version dieses Knotens entsteht, indem man die untere Öse durch die obere zieht (**Abb. 30 D**). Dabei benötigt man jedoch mehr Seillänge für die Schlaufe.

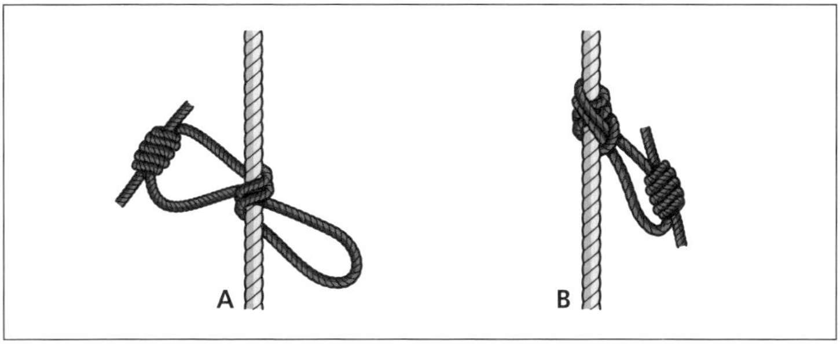


*Abb.29*

*Der Kreuzklemmknoten ist ein Klemm- oder Reibungsknoten. Im Normalfall kommt die Belastungsschlaufe vom oberen Ende der Umwicklung.*

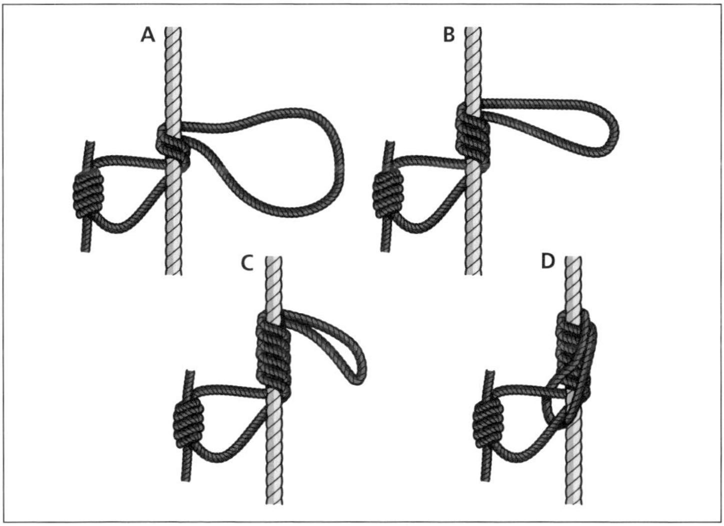


*Abb.30*

*Bei der zweiten Version des Kreuzklemmknotens kommt die Belastungsschlaufe vom unteren Ende der Umwicklung.*

## Französischer Prusik (Machard-»Blocker«-Knoten oder AutoBloc)

Dieser Prusik-Knoten (**Abb. 31**) ist einzigartig, da der Knoten auch unter Belastung bewegt werden kann. Die Vorgehensweise ist wie beim Kreuzklemmknoten (**Abb. 31 A+B**), nur werden jetzt die beiden Schlaufen mit einem – möglichst verriegelbaren – Karabiner verbunden (**Abb. 31 C**). Der französische Prusik kann bereits nach drei Umwicklungen (natürlich auch mehr) um das Seil gebunden werden.

## Karabinerklemmknoten (Bachmannknoten)

Der Bachmannknoten (**Abb. 32**) beinhaltet ebenfalls den Einsatz eines Karabiners. Er wird gern bei der Rettung aus Gletscherspalten angewendet.

Zunächst wird der Karabiner in eine Schlinge geklipst und dann auf das Seil gelegt (**Abb. 32 A**). Die lange, geschlossene Seite des Karabiners (Rücken) sollte mit einer Hand gegen das Aufstiegsseil gehalten werden, während man dann das lose Ende der Schlinge –

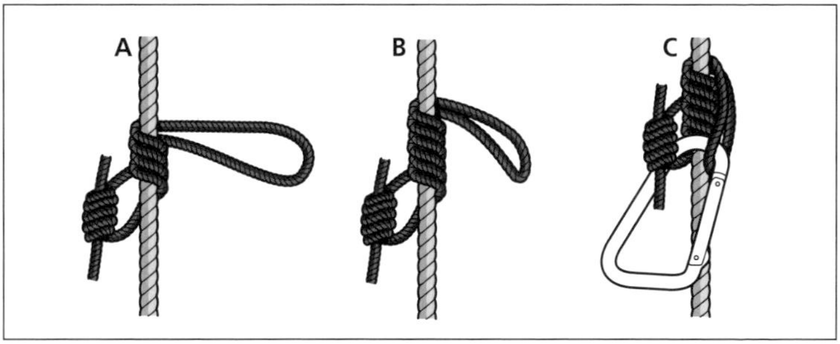


*Abb. 31*

*Der französische Prusik ist eine Variante des klassischen Prusikknotens und ist auch unter der Bezeichnung »AutoBloc« bekannt.*

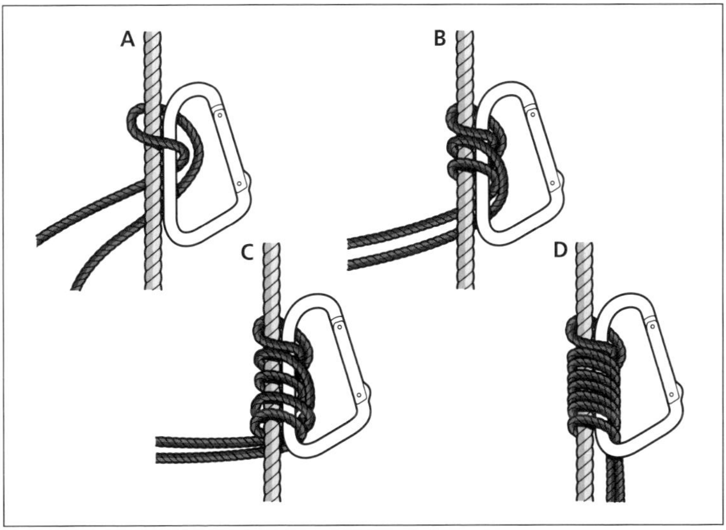


*Abb. 32*

*Der Bachmann-Knoten ist mit einem Karabiner verbunden und wird oft verwendet, wenn der Reibungshaken wieder eingestellt werden muss.*

den Schwanz – locker um das Seil und die lange Seite des Karabiners wickelt (**Abb. 32 B+C**).

Nach einigen Umdrehungen um das Seil und den Karabiner-Rücken wird der Schwanz nach vorne – im Bild rechts – gebracht (**Abb. 32 D**). Wenn nun Spannung auf den Schwanz ausgeübt wird, sollte sich der Knoten verriegeln – und umgekehrt ohne Belastung wieder lösen.

## 2.9 Kletterknoten

### Kreuzknoten

Der Kreuzknoten (**Abb. 33**) oder Reffknoten ist ein alter Seglerknoten und wurde ursprünglich zum Reffen von Segeln benutzt, also dem zeitweisen Zusammenbinden der Segel zwecks Verkleinerung der Segelfläche. Er ist der dünnste aller Knoten. Weber bevorzugen ihn zum Verbinden der Fäden, weshalb er auch »Weberknoten« genannt wird. Er eignet sich als Bindeknoten zum Verschnüren von Paketen oder Bündeln, ist jedoch absolut ungeeignet zum Verbinden von Seilen – vor allem, wenn davon Leben, Gesundheit oder Werte abhängen. Selbst korrekt gebunden ist er im Vergleich zur Festigkeit anderer Knoten nur eingeschränkt sicher – erst recht bei ungleichen Seilen.

Grundsätzlich ist dieser Knoten leicht auszuführen, indem man zwei Überhandknoten (halbe Schläge) aufeinander knüpft. Dabei ist die Orientierung zu beachten: Zuerst macht man einen rechts über links gelegten Überhandknoten, dann bindet man einen links über rechts gelegten Überhandknoten darüber. Die losen Enden müssen zum Schluss auf der gleichen Seite des Knotens liegen.

Führt man den Kreuzknoten fehlerhaft aus, indem man zwei Überhandknoten mit gleicher Orientierung kombiniert, ergibt sich der so genannte »Altweiberknoten« mit reduzierter Festigkeit, der dazu noch sehr schlecht lösbar ist.

Noch schlimmer ist es, wenn der Kreuzknoten zu einem »falschen Kreuzknoten« geknüpft wird. Dabei liegen die losen Enden zum Schluss diagonal gegenüber, wodurch der Knoten zum so genannten »Diebesknoten« wird. Hier liegt die Belastung diagonal, und der Knoten zieht sich unter Belastung einfach auf – was ihn vollkommen unbrauchbar macht.

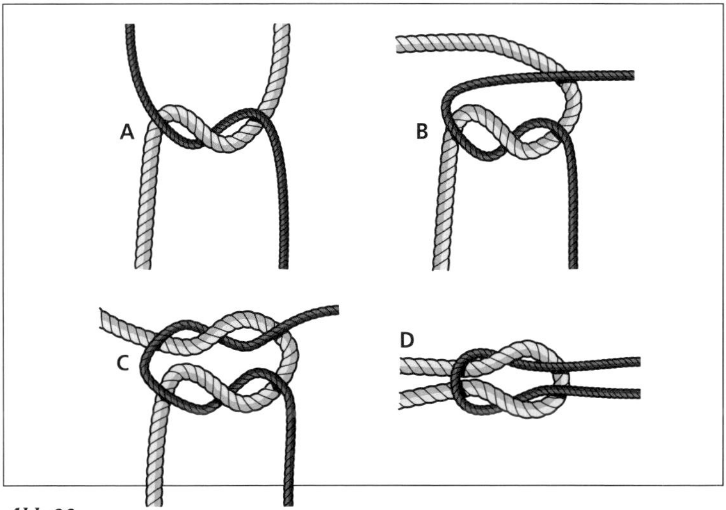


*Abb. 33*

*Der Kreuzknoten oder Reffknoten wurde ursprünglich auf Segelschiffen verwendet, um Segel vorübergehend zu reffen. Diese vorübergehende Natur bedeutet, dass er nicht der sicherste Knoten ist, um zwei Seile zu verbinden.*

Zum Binden eines Kreuzknotens halten Sie in jeder Hand ein Seilende. Legen Sie das lose Ende in der rechten Hand über das in der linken Hand. Ziehen Sie es unten durch und zurück über die Oberseite des Seils zu Ihrer linken Hand (**Abb. 33 A** = 1. Überhandknoten). Legen Sie nun das lose Ende in Ihrer linken Hand über das in Ihrer rechten Hand (**Abb. 33 B**) und ziehen Sie es unten herum zurück über die Oberseite zu Ihrer rechten Hand (**Abb. 33 C** = 2. Überhandknoten mit anderer Richtung).

Haben Sie den Knoten korrekt ausgeführt, liegen das lose und das feste Ende auf jeder Seite in einer Schlaufe (**Abb. 33 D**). Die beiden losen Enden müssen sich auf der gleichen Seite des Knotens befinden und nicht diagonal gegenüber. Zur Sicherheit sollte der Kreuzknoten zusätzlich mit ein oder zwei weiteren Überhandknoten gesichert werden.

## Achterknoten

Der einfache Achter (**Abb. 34**) ist ein Standard-Kletterknoten, der für eine Reihe von Zwecken verwendet wird – einschließlich dem Anseilen oder dem Anbringen an Fixpunkten. Er wird oft als Stopperknoten (Endacht, siehe auch **Abb. 3**) verwendet. Aus diesen Gründen muss er auch unbedingt immer korrekt ausgeführt sein. Wenn der Achter falsch gebunden ist, könnte der Kletterer einen tödlichen Sturz erleiden.

Um einen Achterknoten zu knüpfen, bilden Sie mit dem Seil eine Schlaufe (**Abb. 34 A**) und bringen dann das Arbeitsende (loses Ende) des Seils über den stehenden Teil (**Abb. 34 B**). Anschließend wird das Arbeitsende von unten beziehungsweise hinten durch die Schlaufe gefädelt und festgezogen (**Abb. 34 C**).

Es ist unbedingt erforderlich, den Knoten zu überprüfen, nachdem er gebunden wurde. Wurden zu wenige Windungen gemacht, liegt nur ein einfacher Überhandknoten vor, und bei zu vielen Windungen haben wir einen mehrfachen Überhandknoten – aber keinen Achterknoten!

## Achterknoten mit einer Schlaufe

Dieser Knoten (**Abb. 35**) wurde bereits in Kapitel 1 »Grundlagen« erwähnt (**Abb. 15**) und stellt eine Variation der Überhandschlaufe dar. Wichtig zu wissen: Dieser Knoten ist oft schwer zu lösen, nachdem er unter Belastung stand.

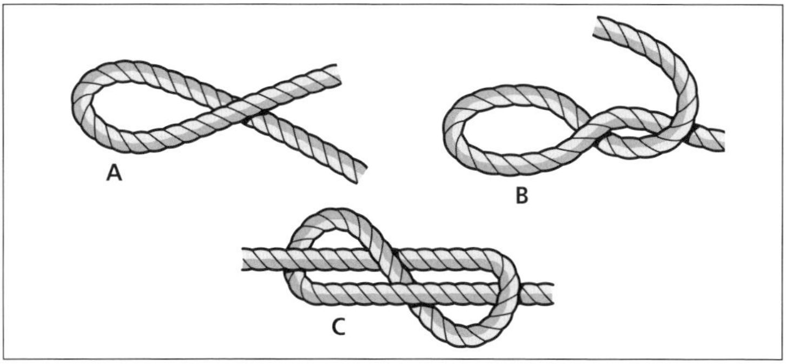


*Abb. 34*

*Der Achterknoten – auch Endacht genannt – ist einer der wenigen wesentlichen Knoten, den Kletterer und Matrosen kennen (und können) sollten. Eine seiner wichtigsten Funktionen ist die des Stoppers. Ein großer Vorteil dieses Knotens ist, dass er leicht gelöst werden kann, nachdem er unter Belastung stand.*

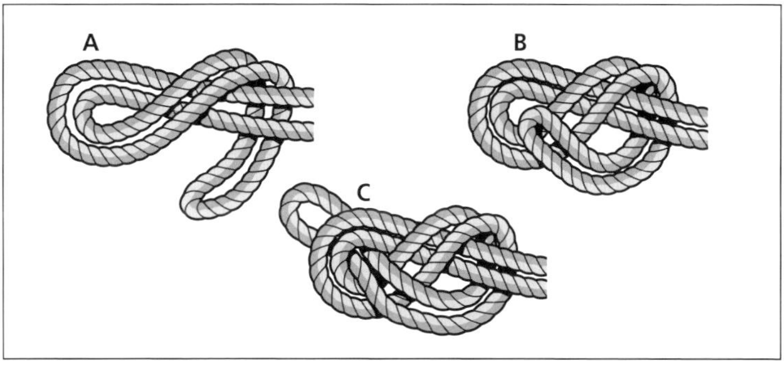


*Abb. 35*

*Der Achterknoten mit Schlaufe wird beim Klettern und anderen Aktivitäten verwendet werden, wo die Belastung moderat ist. Wenn er unter Belastung stand, ist der Knoten schwer zu lösen.*

Der Prozess des Bindens besteht aus drei Stufen: Formen Sie mit dem Seil eine Schlaufe mit der für die spätere Öse gewünschten Größe. Das ist das stehende Ende des Knotens. Führen Sie nun das Arbeitsende einmal um das stehende Ende herum (**Abb. 35 A**), dann stecken Sie das Arbeitsende erneut durch die zuerst gebildete Schlaufe (**Abb. 35 B**). Ziehen Sie den Knoten fest zusammen und vergewissern Sie sich, dass die Seile überall parallel liegen und sich nicht überkreuzen (**Abb. 35 C**)

### Achterknoten mit zwei Schlaufen

Dieser Knoten (**Abb. 36**) hat wegen seines Aussehens auch den Namen »Hasenohrenknoten«. Er wird verwendet, um zwei feste Schlaufen in der Mitte eines Seils zu bilden.

Der Prozess des Knoten-Bindens besteht insgesamt aus fünf Schritten: Formen Sie mit dem Seil eine Schlaufe mit der für die spätere Öse gewünschten Größe. Dies ist das Arbeitsende des Knotens. Führen Sie nun das Arbeitsende einmal um das stehende Ende herum, dann stecken Sie das Arbeitsende durch die zuerst gebildete Schlaufe (A).

Führen Sie nun die in (A) durchgezogene Schlaufe auf dem selben Weg wieder zurück (B). Die einzelne Schlaufe wird nun über die Doppelschlaufe hinweg gestülpt (C). Dann ziehen Sie alles fest. Der Achterknoten sollte nun zwei Ösen (D) aufweisen, die mit etwas Fantasie wie Hasenohren aussehen.

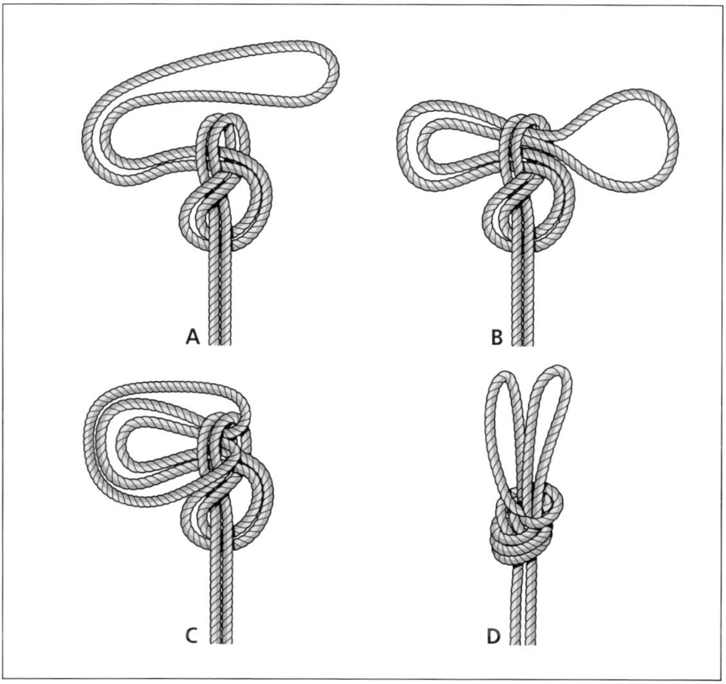


*Abb. 36*

*Der Achterknoten mit zwei Schlaufen wird oft eingesetzt, um Sicherungen anzubringen oder wird bei Rettungsaktionen verwendet. Der Knoten kann in der Mitte eines Seils gemacht werden und ist ein wichtiger Knoten für Bergsteiger.*

## Einfacher Überhandknoten

Auch den als »Daumenknoten« oder »Halber Schlag« bekannten einfachen Überhandknoten (**Abb. 37**) haben wir bereits in Kapitel 1 kennengelernt (siehe **Abb. 1**). Er kann entweder ein Stopperknoten am Ende eines Seils sein, nachdem ein anderer Knoten gebunden wurde, oder ein Handgriff. Gelegentlich ist er auf Rettungsleinen gebunden, um zu verhindern, dass die Hände vom Seil abrutschen. Der Überhandknoten taucht jedoch auch als Bestandteil vieler anderer Knoten auf.

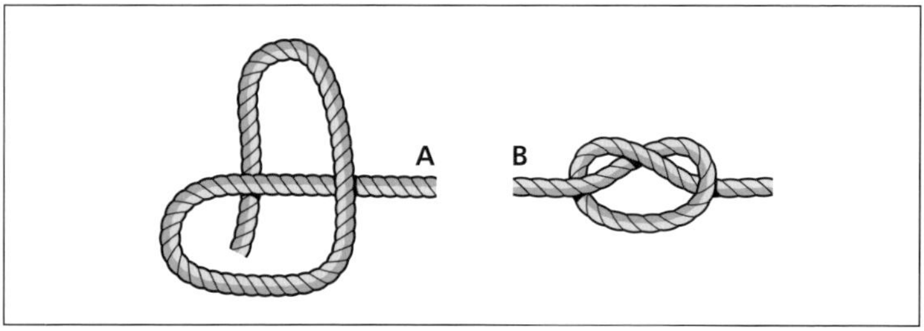


*Abb. 37*

*Der Überhandknoten ist ein einfacher Knoten, der die Basis einer Vielzahl anderer Knoten bildet.*

## Doppelter Überhandknoten

Dieser Knoten (**Abb. 38**) ist die verbesserte, sicherere Variante des einfachen Überhandknotens und wird gerne als Stopper verwendet. Es ist in ähnlicher Weise wie der Standard-Überhandknoten gebunden, aber das Arbeitsende wird in diesem Fall zweimal um das Seil genommen, bevor es durch die Kreuzung geführt wird. Der Knoten sollte dann festgezogen werden.

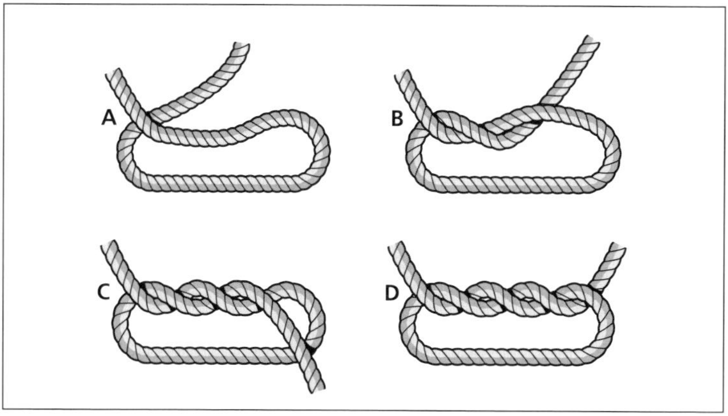


*Abb. 38*

*Der mehrfache Überhandknoten ist eine von vielen Variationen des einfachen Überhandknotens.*

## Stopperknoten

Ein Stopperknoten (**Abb. 39**) kann in einer Vielzahl von Situationen nützlich sein. Beim Klettern kann der Knoten an einem Ende des Seils verwendet werden, um es zu stoppen, bevor es durch eine Sicherungs- oder Abseilvorrichtung läuft. Er kann auch als Backup für einen Achterknoten dienen. Zu dieser Kategorie gehören Knoten wie der Überhandknoten, die Endacht, der Achterknoten sowie der Stevedoreknoten. Wenn zwei Seile miteinander verbunden werden sollen, lassen sich zwei Stopperknoten verwenden, um einen doppelten Fischerknoten zu machen. Beim Segeln verhindert der Stopperknoten, dass ein Schot durch eine Seilklemme rutscht.

Beginnen Sie mit einem einfachen Überhandknoten (**Abb. 39 A**) und bilden Sie dann eine zweite Schlaufe (Bucht) am Arbeitsende

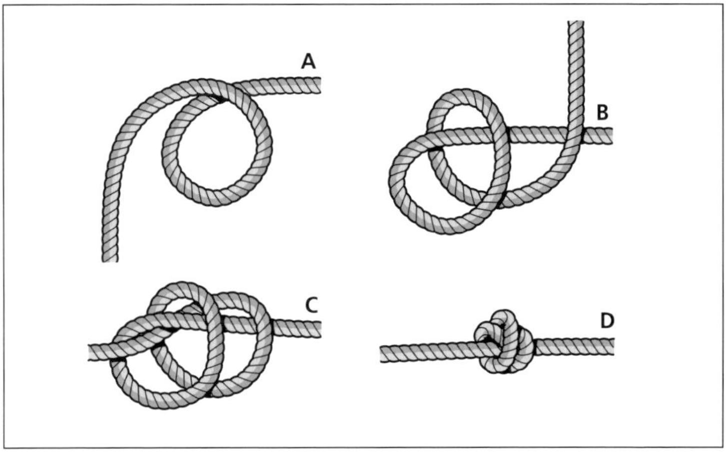


*Abb. 39*

*Als Stopperknoten werden alle Bindungen bezeichnet, die verhindern, dass ein Knoten sich aufzieht oder ein Seil unkontrolliert eine Öffnung durchläuft.*

(**Abb. 39 B**). Führen Sie das Arbeitsende von hinten durch die Hauptschleife (**Abb. 39 C**) und verschieben Sie den noch losen Knoten so lange, bis Sie ihn über die erste Wicklung legen können. Sobald das erfolgt ist, ziehen Sie den Knoten fest (**Abb. 39 D**), um ihn mit einem doppelten Überhandknoten zu beenden.

### Rundtörn mit zwei halben Schlägen

Dieser Knoten (**Abb. 40**) dient zur sicheren Befestigung einer Leine an einem Gegenstand. Er eignet sich zum Festbinden an Ästen, Balken, Stangen, Ringen oder Pollern und ist sehr zuverlässig. Der Knoten kann auch mitten im Seil verwendet werden und lässt sich sowohl unter Spannung binden als auch lösen. In der Sportboot-

Schifffahrt wird er auch gern zum Befestigen von Fendern an der Reling eingesetzt.

Das Binden des Knotens ist ein vierstufiges Verfahren: Legen Sie zuerst einen Rundtörn um eine Stange oder einen Ring (**Abb. 40 A**). Achten Sie darauf, dass Sie fast zwei komplette Umwicklungen machen. Dann legen Sie als Sicherung zwei halbe Schläge um das feste Ende des Seils (**Abb. 40 B+C**). Vergewissern Sie sich, dass die beiden halben Schläge dieselbe Drehrichtung um das feste Ende haben und somit einen Webeleinenstek bilden – und keinen Ankerstich!

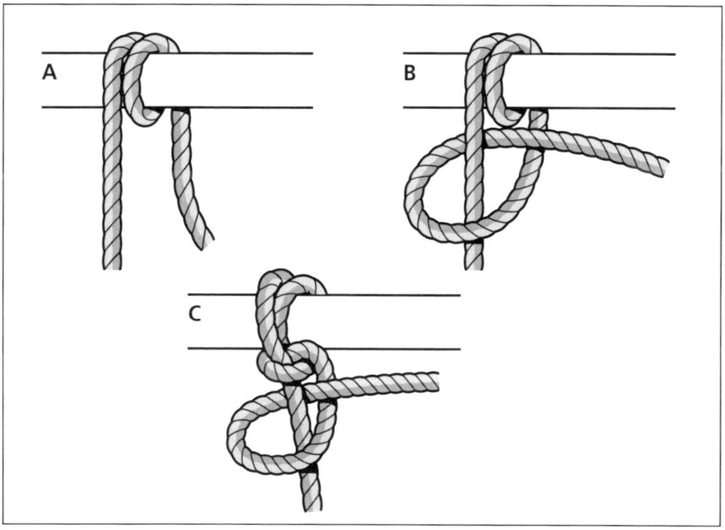


***Abb. 40***

*Der Rundtörn mit zwei halben Schlägen wird verwendet, um ein Seil an ein Objekt wie einen Ring zu binden.*

## Palstek (einfach)

Der Palstek (**Abb. 41**) hat eine hohe Festigkeit und ist auch vergleichsweise unkompliziert zu binden. Er kann leicht angepasst werden und ist auch nach starker Belastung leicht zu lösen.

Machen Sie eine Schlaufe und geben Sie dabei das Arbeitsende über den stehenden Teil (**Abb. 41 A**). Drehen Sie das Arbeitsende zurück in Richtung der Schlaufe, die jetzt gebildet wurde, und führen Sie das Arbeitsende von hinten durch die Schlaufe, so dass eine zweite Schlaufe entsteht (**Abb. 41 B**). Nun drehen Sie das lose Ende hinter das stehende Teil und bringen es dann zurück an die Vorderseite der ersten Schlaufe, bevor Sie das Ende durch die Vorderseite dieser Schlaufe ziehen (**Abb. 41 C**). Je nach Richtung, in der Sie das Arbeitsende um das stehende Ende herumziehen und durch die

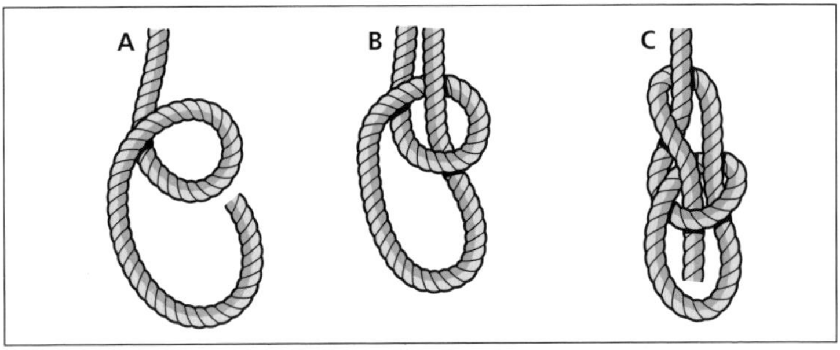


*Abb. 41*

*Der Palstek ist einer der bedeutendsten Knoten und besonders wichtig im maritimen Einsatz. Er dient dazu, am Seilende eine Schlaufe zu machen, die sich nicht zuzieht. Sein größter Vorteil ist, dass er sich leicht binden sowie auch nach starker Belastung wieder gut lösen lässt. Der einzige Nachteil besteht darin, dass er sich gerne von allein löst, wenn er nicht unter Belastung steht.*

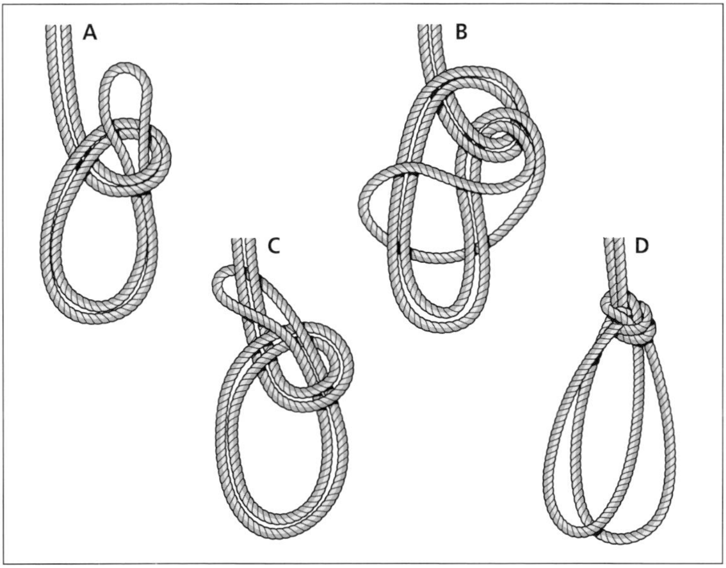


*Abb. 42 A*

*Ein doppelter Palstek ist ähnlich der einfachen Ausführung dieses Knotens. Der Unterschied ist, dass der Knoten in der Mitte des Seils gebunden werden kann, wodurch sich zwei Schlaufen ergeben.*

erste Schlaufe zurückführen, erhalten Sie einen Palstek mit außen oder innerhalb der Schlaufe liegendem Ende.

## Doppelter Palstek

Der doppelte Palstek (**Abb. 42**) lässt sich in der Mitte eines Seils binden, indem man es mittig wie zu einer Schlaufe doppelt legt. Der Knoten lässt sich mit zwei oder drei Schlaufen herstellen. Ein dreifacher Palstek kann so als Gurtzeug in Form eines Vollgurts verwendet werden. Dieses besteht aus einer Schlaufe für jeden Oberschenkel sowie einer dritten Schlaufe für die Schultern. Der Palstek sollte mit einem Stopperknoten gesichert werden. Dieses System funktioniert gut, da der Knoten über dem Körperschwerpunkt liegt und den Kletterer daran hindert, rückwärts zu fallen. Er ist ebenfalls relativ leicht zu lösen, auch wenn er unter Belastung gestellt wurde.

Nehmen Sie ein doppelt gelegtes Seil und bilden sie daraus eine Schlaufe. Führen Sie das Arbeitsende von hinten durch diese Schlaufe (**Abb. 42 A**). Öffnen Sie das doppelt gelegte Arbeitsende und legen Sie diese Öse um die erste Doppelschlaufe herum (**Abb. 42 B**) und ziehen Sie es bis an das stehende Ende hinauf (**Abb. 42 C**). Dann erst festziehen, so dass beide Schlaufen einander umschlingen (**Abb. 42 D**).

### Spierenstich (einfach)

Der Spierenstich (**Abb. 43**) wird oft zum Verbinden von zwei Seilen verwendet – beispielsweise zum Abseilen oder zum Anfertigen von Seilschlingen. Dabei eignet er sich besonders gut bei der Verbindung von Seilen mit gleichem Durchmesser. Der Knoten ist ziemlich einfach zu binden, aber er kann sich lose arbeiten, wenn er nicht richtig gehandhabt wird. Eine Möglichkeit, den Knoten daran zu hindern, sich zu lösen, besteht darin, die Enden zusammenzukleben.

Legen Sie zwei Seile parallel nebeneinander. Nehmen Sie das Arbeitsende eines Seils und binden Sie einen Überhandknoten über/um das andere Seil (**Abb. 43 A**). Jetzt nehmen Sie das andere Arbeitsende und wiederholen Schritt 1 auf der anderen Seite mit dem zweiten Seil (**Abb. 43 B**). Sie können nun die festen Enden nehmen und den jeweiligen Knoten zusammenziehen (**Abb. 43 C**).

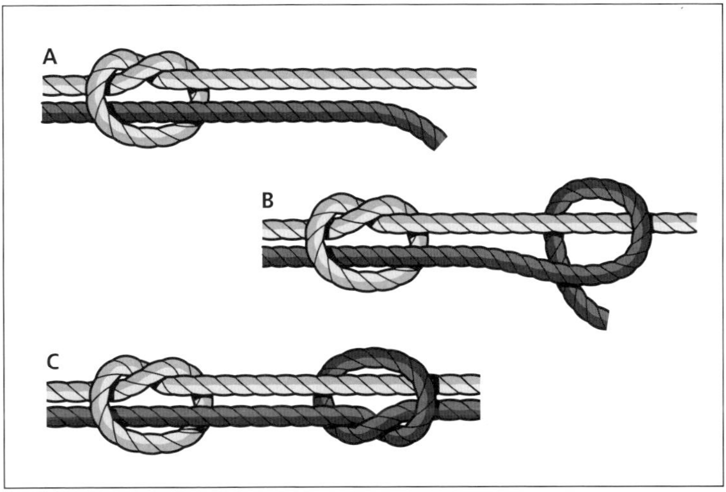


*Abb. 43*

*Der einfache Spierenstich ist weit verbreitet und hat ebenfalls einen Platz in den Top Ten der Knoten. Er besteht aus zwei nebeneinander liegenden Überhandknoten, die symmetrisch jeweils über/um das andere Seil gebunden sind.*

Wenn Sie an den beiden ursprünglichen Arbeitsenden ziehen, verkürzen Sie die Verbindung.

## Spierenstich (doppelt)

Der doppelte Spierenstich (**Abb. 44**) wird gerne beim Klettern und anderen Gelegenheiten verwendet, wenn ein sehr hohes Maß an Sicherheit gewünscht ist. Der Zweck der Verdoppelung liegt darin, mehr Reibung und damit Kraft zu erzeugen – besonders wenn die Seile rutschig sind. Nachdem der doppelte Spierenstich einer

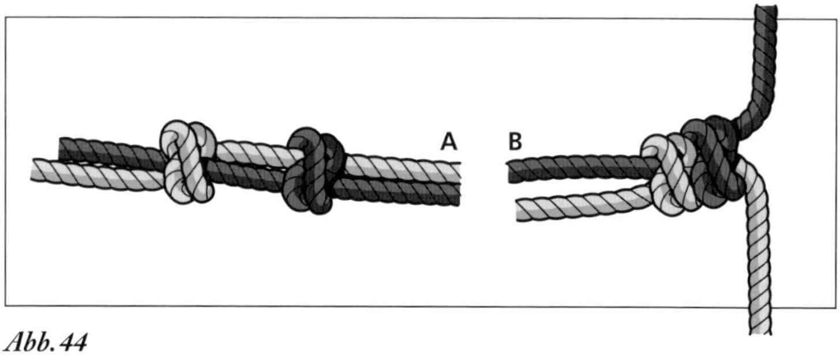


*Abb. 44*

*Der doppelte Spierenstich bietet im Gegensatz zum normalen Spierenstich auch doppelte Sicherheit.*

Belastung ausgesetzt war, ist es meist sehr schwierig, ihn wieder zu lösen. Er wird wie der einfache Spierenstich geknüpft, nur dass statt einem einfachen ein doppelter Überhandknoten das jeweils andere Seil umschließt.

Verfahren Sie wie beim einfachen Spierenstich und legen Sie zwei Seile parallel nebeneinander. Nehmen Sie das Arbeitsende eines Seils und binden Sie es ebenfalls über/um das andere Seil – nun aber mit einem doppelten Überhandknoten! Jetzt nehmen Sie das andere Arbeitsende und wiederholen Schritt 1 auf der anderen Seite – mit einem doppelten Überhandknoten! Sie können nun die festen Enden nehmen und den Knoten zusammenziehen. Wenn Sie an den ursprünglichen Arbeitsenden ziehen, verkürzen Sie die Verbindung.

## Webeleinenstek

Der Webeleinenstek (**Abb. 45**) ist ein Knoten, der in vielen Disziplinen eingesetzt wird – neben dem Klettern oft auch in einem maritimen Kontext. Er dient zum Beispiel zum Befestigen von

Fendern am Boot, zum Fixieren der Ruderpinne oder zum Vertäuen des Boots an einem Poller. Er muss aber sorgfältig gelegt werden, um bei Belastung die Gefahr des Lösens zu vermeiden.

Legen Sie das Arbeitsende um das Objekt herum und kreuzen sie vorn über das feste Ende hinweg wieder nach hinten, so dass eine Schlaufe entsteht (**Abb. 45 A**). Ziehen Sie das Arbeitsende weiter nach hinten über den Gegenstand und dann durch die Schlaufe wieder nach vorn (**Abb. 45 B**). Das Gewicht am Arbeitsende klemmt die unten liegenden Seile fest (**Abb. 45 C**).

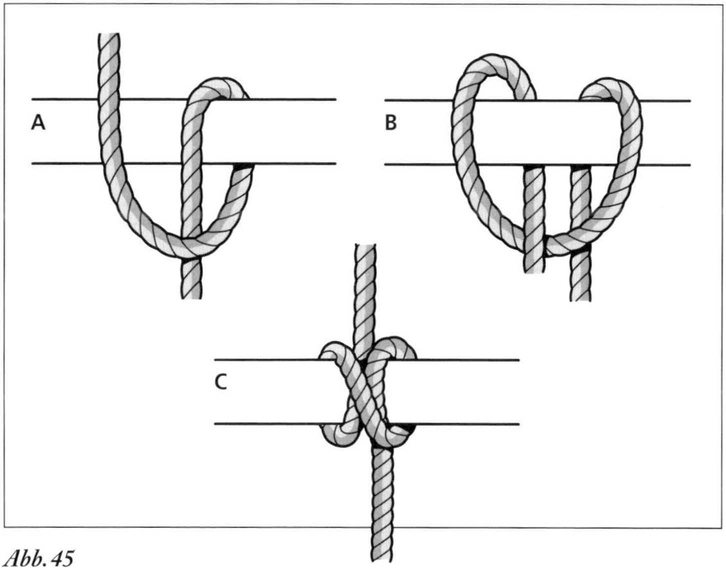


*Abb. 45*

*Der Webeleinenstek ist ein essenzieller Knoten für Bergsteiger. Er entstammt dem maritimen Bereich, ist aber auch in anderen Disziplinen oder Anwendungsbereichen wichtig.*

## Halbmastwurf

Dieser Knoten (**Abb. 46**) wird speziell von Kletterern verwendet, um bei einem Sturz die entstehende Energie absorbieren zu können. Wenn der Bergsteiger fällt, verriegelt der Mastwurf den Karabiner. Der Knoten wird auch zum Abseilen benutzt. Der eigentliche Zweck des Knotens ist dabei eine Reibungsvorrichtung, um die Rate des Abstiegs zu steuern. Die Reibung wirkt sowohl auf den Karabiner als auch auf das Seil.

Machen Sie zu Beginn mit dem Seil zwei Schlaufen: die eine links, die andere rechts gelegt (**Abb. 46 A**). Hängen Sie beide Schlaufen in

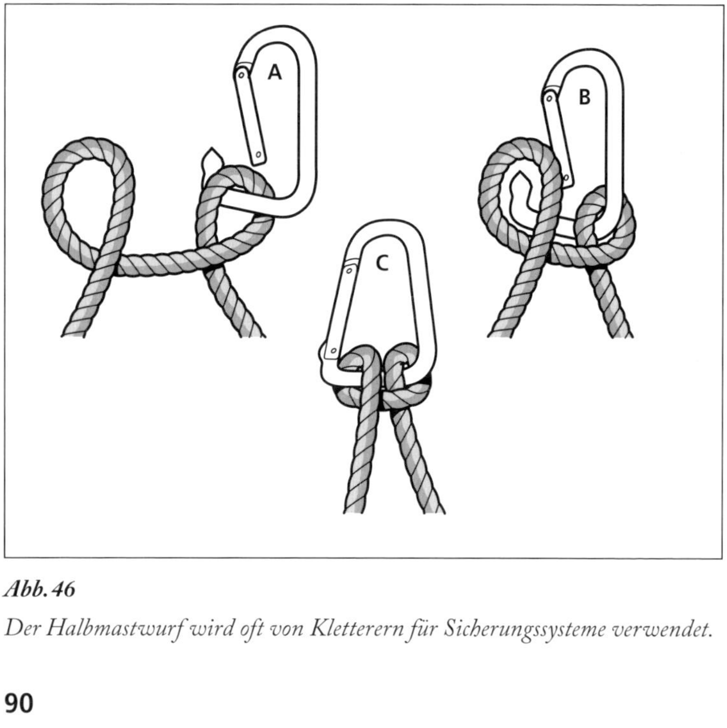


***Abb. 46***

*Der Halbmastwurf wird oft von Kletterern für Sicherungssysteme verwendet.*

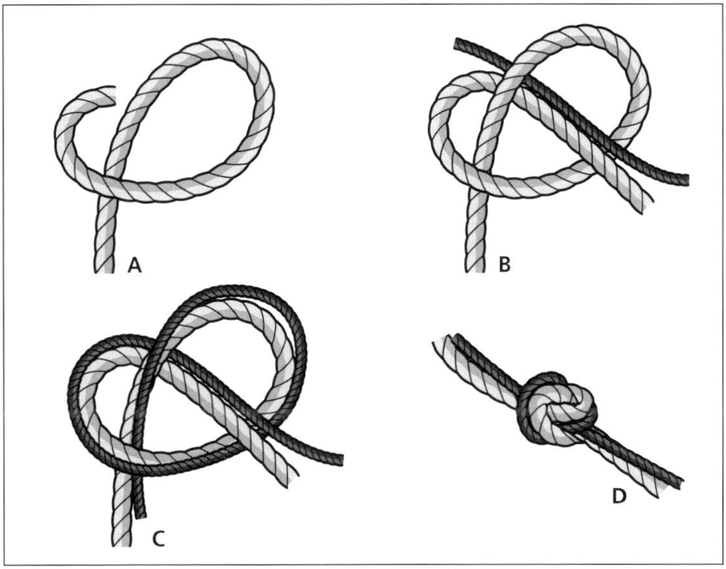


*Abb. 47*

*Der Bandschlingenknoten wird oft von Kletterern verwendet, um zwei Gurte (Bänder) zu verbinden. Es kann mitunter schwierig sein, ihn nach Belastung wieder zu lösen.*

einen Schraubkarabiner ein, so dass ein Seilende unter der Schlaufe durchläuft und das andere darüber geht (**Abb. 46 B**). Sobald dies geschehen ist, kann das linke Seil unter Belastung stehen, während das rechte Seil als Bremse wirkt (**Abb. 46 C**).

## Bandschlingenknoten (Wasserknoten)

Wie der Name schon sagt, wird dieser Knoten (**Abb. 47**) hauptsächlich zum Verbinden von Bändern verwendet – zum Beispiel bei

Klettergurten. Er ist aus weniger offensichtlichen Gründen auch als »Wasserknoten« bekannt und kann ebenfalls zum Verbinden von Seilen eingesetzt werden. Bei der Ausführung muss ganz genau gearbeitet werden. Damit der Knoten sicher ist, dürfen die Enden nicht zu kurz sein.

Machen Sie als erstes an einem der Seilenden (Band) einen Überhandknoten (**Abb. 47 A+B**) und führen Sie das lose Ende des zweiten Seils (Band) durch die rechte der drei Öffnungen (**Abb. 47 B**). Folgen Sie dem Weg des ersten Seils (**Abb. 47 C**) und ziehen Sie dann die Arbeitsenden auseinander, um den Knoten festzuziehen (**Abb. 47 D**). Der Knoten sollte sorgfältig überprüft werden und die losen Enden sollten lang bleiben, um ein Versagen des Knotens durch weiteres Zuziehen zu vermeiden.

## Alpiner Schmetterlingsknoten

Dieser Knoten (**Abb. 48**) wird in der Mitte des Seils geknüpft und von Kletterern gerne zum Einhängen eines Karabiners auf halber Seillänge verwendet – etwa zum Sichern der Mitglieder einer Seilschaft sowie beim Überqueren eines Gletschers oder Firnfeldes. Er hat den Vorteil, dass er nach einer Belastung leicht wieder lösbar ist und kann auch von beiden Enden des Seils Belastungen aufnehmen. Daneben wird der Knoten aber auch in der Seefahrt verwendet.

Zuerst legt man in der Seilmitte zwei Schlaufen in Form einer Acht (**Abb. 48 A**). Das äußere, größere Auge wird dann zum Seil hin umgeklappt (**Abb. 47 B**) und von unten durch die kleinere Schlaufe wieder nach oben geführt (**Abb. 47 C**). Zum Schluss muss man das Ganze nur noch gut festziehen und den Karabiner für den Klettergurt einhängen – fertig (**Abb. 47 D**).

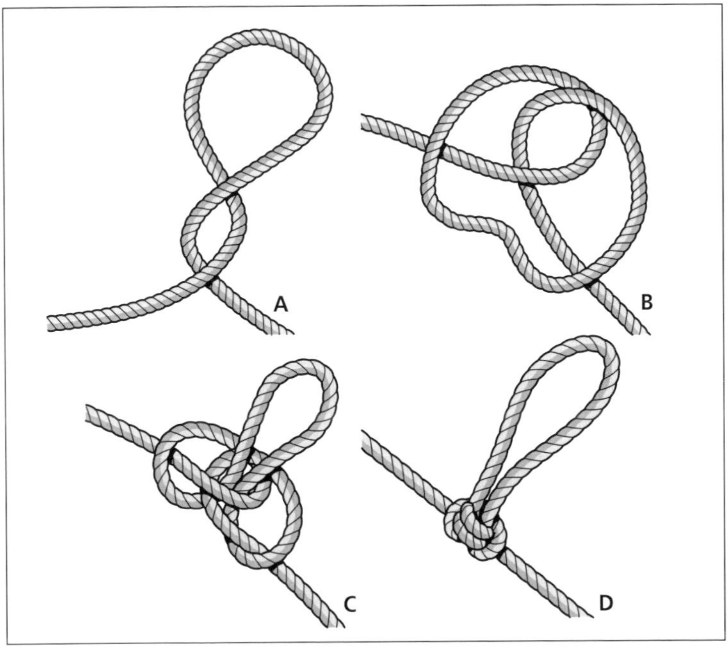


*Abb. 48*

*Der alpine Schmetterlingsknoten bildet eine feste Schleife in der Mitte eines Seils und kann aus einer Schlaufe gebunden werden.*

## Einfacher Schotstek

Der Schotstek (**Abb. 49**) wird für das Zusammenknüpfen von Seilen oder Bändern verwendet. Wir kennen ihn bereits aus Kapitel 1 (dort als **Abb. 4**). Idealerweise sollten beide Seilenden den gleichen Durchmesser haben. Sofern das nicht der Fall ist, nimmt man besser einen doppelten Schotstek, da dieser grundsätzlich eine erhöhte Sicherheit bietet.

Am Ende eines der beiden Seile wird eine Schlaufe gemacht. Das lose Ende des zweiten Seils geht von hinten durch die Schlaufe (**Abb. 49 A**), wird dann über Seil 1 nach außen gelegt, hinter der Schlaufe von Seil 1 herum nach vorn (**Abb. 49 B**) und schließlich unter Seil 2 hindurch über Seil 1 hinweg nach außen geführt (**Abb. 49 C**). Die beiden losen Enden der Seile sollten sich auf der gleichen Seite des Knotens befinden (**Abb. 49 D**). Halten Sie die

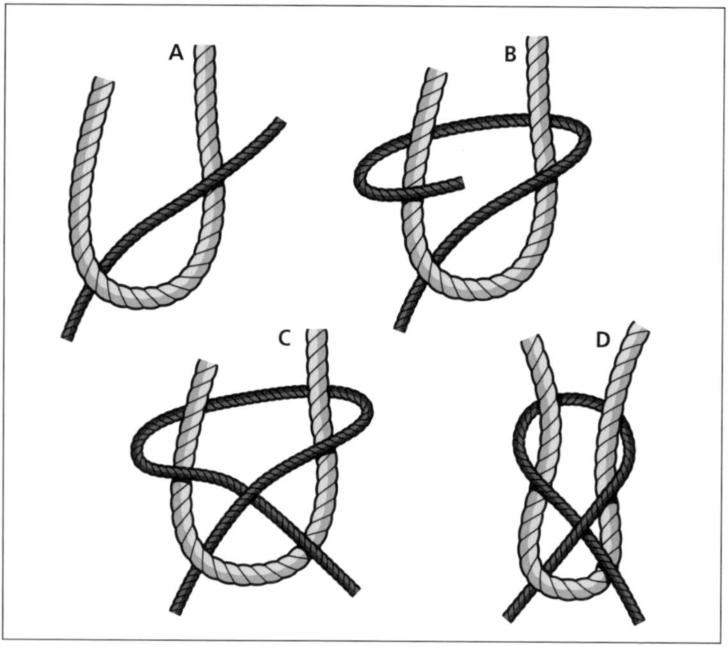


*Abb. 49*

*Der einfache Schotstek wird oft in der Seefahrt verwendet, um zwei Seile mit gleichem oder ähnlichem Durchmesser zu verbinden.*

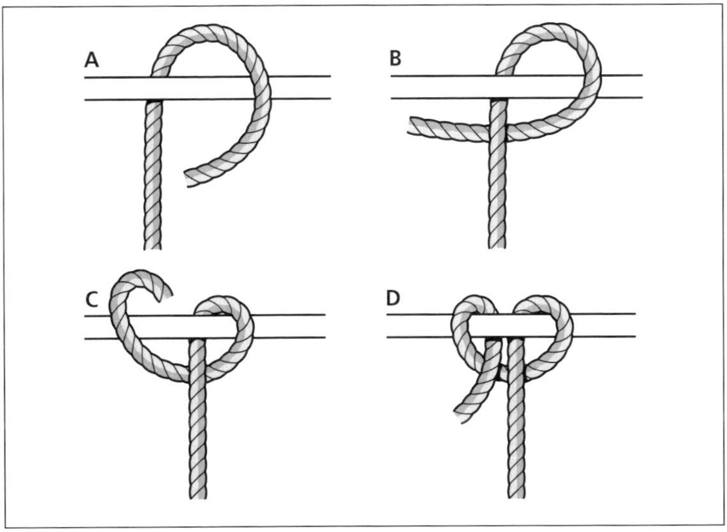


*Abb. 50*

*Der Ankerstich ist ein einfacher Knoten, der dazu bestimmt ist, ein Seil an einem Ring, einem Pfosten oder etwas Ähnlichem anzubringen.*

Schlaufe von Seil 1 und den stehenden Teil von Seil 1 fest und ziehen Sie den Knoten zu.

Doppelter Schotstek: Der Vorgang ist derselbe wie eben in der Anfangsphase beschrieben, aber das Arbeitsende von Seil 2 wird analog zu **Abb. 49 B** zweimal um die Schlaufe von Seil 1 gewickelt.

## Ankerstich (Kuhstek)

Dieser relativ einfache Knoten (**Abb. 50**) ist zwar in der Seefahrt weit verbreitet, aber für Kletterzwecke nicht gut geeignet. Er gilt als nicht besonders sicher. Der Knoten kann entweder mit dem Arbeitsende oder mit einer geschlossenen Schlaufe gebunden werden. Im englischen und französischen Sprachraum wird er auch als »Lerchenkopf« bezeichnet (»Lark's head« beziehungsweise »Nœud en tête d'Alouette«).

Das lose Ende des Seils wird von hinten durch einen Ring oder um eine Stange gelegt (**Abb. 50 A**), über den Gegenstand nach vorn geführt und wieder nach hinten um das stehende Ende herum (**Abb. 50 B**). Von dort geht das lose Ende vorn über den Gegenstand hinweg nach hinten (**Abb. 50 C**). Im letzten Schritt wird das lose Ende von hinten durch die so entstandene Schlaufe nach vorn gezogen und dicht geholt (**Abb. 50 D**).

### Mariner-Knoten

Der Mariner-Knoten (**Abb. 51**) wird manchmal verwendet, um das Gewicht eines gefallenen Kletterers auf dem Sicherungsgerät zu entlasten. Eine Schlinge mit dem Mariner-Knoten kann an einem Karabiner befestigt werden und lässt sich auch unter Belastung freigeben. Der Knoten wird trotz des etwas irreführenden Namens fast ausschließlich von Kletterern benutzt. Der Begriff Mariner-Knoten geht auf den österreichischen Alpinisten Wastl Mariner (1909–1989) zurück.

Knüpfen Sie am Seilende eine sichere Schlaufe und schieben Sie sie durch einen Karabiner (**Abb. 51 A**). Wickeln Sie die Schlaufe weitere zwei- bis dreimal durch den Karabiner (**Abb. 51 B**). Anschließend führen Sie das Arbeitsende um die Vorderseite des stehenden Seils (**Abb. 51 B+C**) und wickeln es vier- bis fünfmal um das stehende Ende herum (**Abb. 51 D–F**).

Um den Knoten zu beenden, stecken Sie das Arbeitsende zwischen den beiden Strängen des stehenden (hängenden) Seils hin-

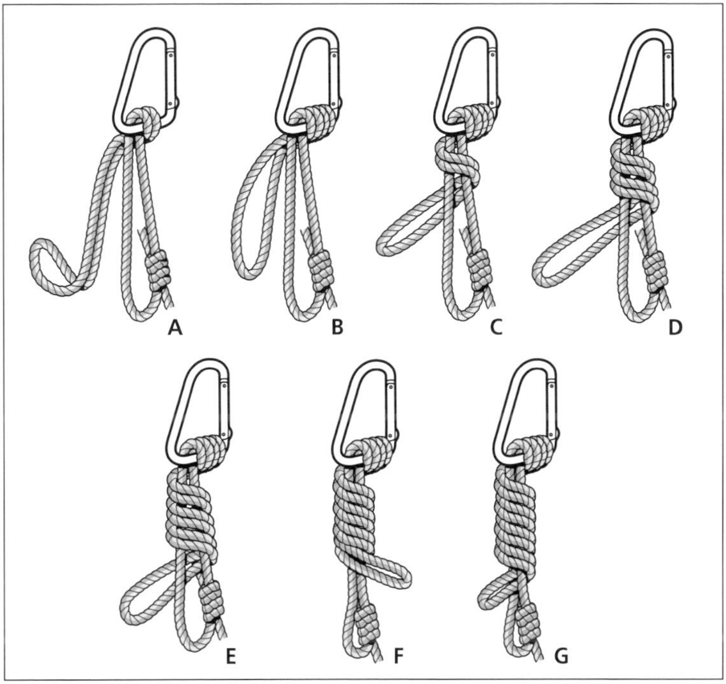


***Abb. 51***

*Der Mariner-Knoten stammt nicht, wie der Name vermuten lässt, aus der Seefahrt, sondern wird überwiegend von Bergsteigern oder Rettungskräften benutzt. Er lässt sich auch unter Belastung lösen, so dass er in der Selbstrettung eingesetzt werden kann.*

durch (**Abb. 51 G**). Der Knoten wird durch die Spannung des auf ihm liegenden Gewichts gehalten, kann aber auch leicht gelöst werden.

## Schmetterlingsknoten (Wireman's knot)

Dieser Knoten (**Abb. 52** lässt sich inmitten eines Seils knüpfen und formt dabei eine feste Schlaufe, die sich variabel einsetzen lässt – zum Bespiel zum Bau einer Seilbrücke oder einer Seilleiter. In diesen Fällen dienen die Schlaufen als Standpunkte für die Füße. Für die Seilbrücke ist dann noch ein zweites, höher angebrachtes Seil für die Hände erforderlich.

Wenden Sie sich dem Ankerpunkt des Seils zu und nehmen Sie das Seil in die Hand. Wickeln Sie es zweimal um Ihre linke Hand. Wenn Sie beim zweiten Umgang sind, formen Sie eine etwa 30 Zentimeter lange Schlaufe. Diese bildet das feste Auge des Knotens und damit dessen Grundlage. Sie halten nun separate Wicklungen in Ihrer Hand.

Nehmen Sie die mittlere Wicklung und platzieren Sie sie über der rückwärtigen Wicklung. Nehmen Sie dann die rückwärtige

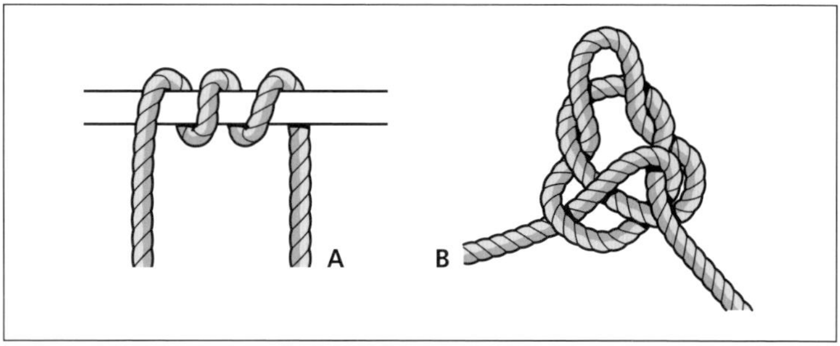


*Abb. 52*

*Der Schmetterlingsknoten wird in der Mitte eines Seils gebunden und bildet eine Schlaufe, die für eine Reihe von Zwecken verwendet werden kann, wie zum Beispiel beim Bau einer Seilbrücke.*

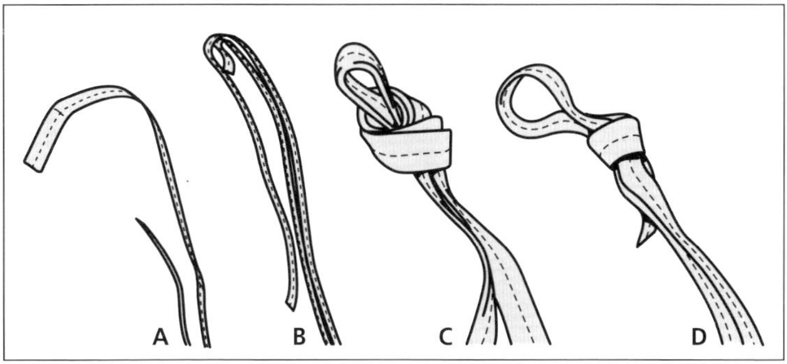


*Abb. 53*
*Der Steigschlaufenknoten ist normalerweise in Gurtband gebunden und wird dazu benutzt, um aus dem Band eine Art Steigbügel zu knüpfen. Kletterern oder Höhlenforscher können auf diese Weise Höhenunterschiede überwinden.*

Windung und legen Sie sie über die vordere Windung. Als nächstes nehmen Sie die erste Wicklung auf und legen Sie sie über die mittlere Wicklung. Dann nehmen Sie die mittlere Wicklung – das Auge, das sich gebildet hat – und ziehen Sie sie hoch, um die gewünschte Schlaufe zu erhalten.

Ziehen Sie den Knoten fest, indem Sie das Auge und die beiden Arbeitsenden zunächst anziehen. Zum Abschluss an den beiden Arbeitsenden fest ziehen.

## Steigschlaufenknoten

Der Steigschlaufenknoten (**Abb. 53**) ist ein einfacher Knoten, der normalerweise in Gurtband geknüpft wird. Er eignet sich daher sehr gut zur Herstellung von Ösen in einem solchen Band. Dieses lässt sich dann als Aufstiegshilfe ähnlich einer Strickleiter verwenden.

An einem Ende eines Gurtbands wird eine kurze Schlaufe geformt (**Abb. 53 A**). Das andere Ende des Bandes wird zwischen die beiden flachen Abschnitte der Schlaufe eingefügt (**Abb. 53 B**). Fixieren Sie die drei Lagen des Gurtbands und knüpfen Sie damit gegen den Uhrzeigersinn einen einfachen Überhandknoten, so dass Sie eine Schlaufe erhalten (**Abb. 53 C+D**).

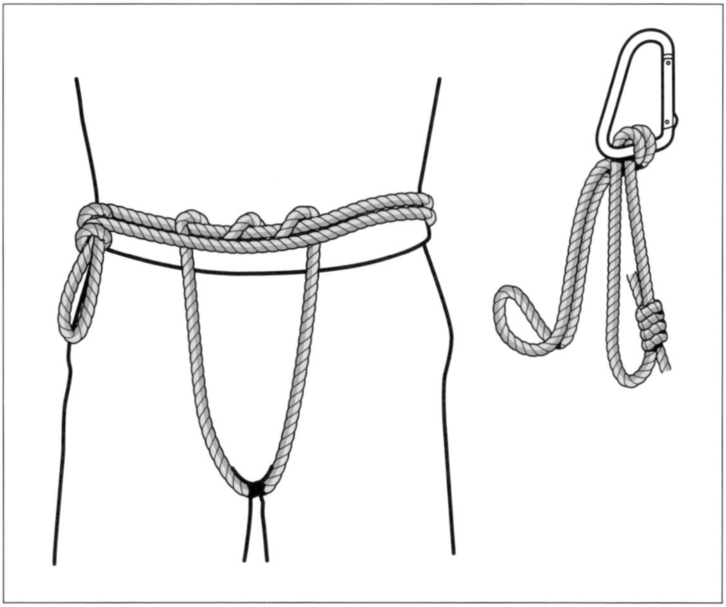

*Abb. 54*

*Der sogenannte »Militär-Abseilsitz« ist eine relativ einfache Methode, um sich aus einem Seil einen provisorischen Kletter- (Hüft)-Gurt zu knüpfen.*

## Improvisierter Klettergurt

In einer überraschenden Überlebenssituation hat man verständlicherweise selten einen Klettergurt dabei. Aus diesem Grund kann es erforderlich sein, sich einen solchen Gurt selbst anzufertigen (**Abb. 54**). Nach der Methode des sogenannten »Militär-Abseilsitzes« reicht dafür ein Seil.

Der Sitz wird aus einer Seilschlinge gefertigt, indem Sie die Mitte des Seils nehmen und es sich zunächst auf die linke Hüfte legen. Die laufenden Enden wickeln Sie sich nun knapp unterhalb des Hüftknochens um die Taille – vor und hinter dem Körper vorbei. Bringen Sie beide Enden vor dem Körper zusammen und verknoten Sie die Enden mit einem Überhandknoten und zwei halben Schlägen.

Führen Sie dann die beiden laufenden Enden von vorn nach hinten durch die Beine, über das Gesäß und über die ursprüngliche Taillenschlinge und die Hüfte. Ziehen Sie das Seil über sich selbst hinweg und bilden Sie eine Bucht, dann stecken Sie das Seil fest. Wichtig: Das Seil sollte dabei auf der Außenseite des Gesäßes laufen.

Nehmen Sie abschließend die beiden laufenden Enden und machen Sie einen korrekten (Richtung beachten!) doppelten Überhandknoten auf der linken Hüfte. Überschüssiges Seil von diesem Überhandknoten wird einfach in eine Hosentasche gesteckt.

# 3

# Seile beim Bau von Flößen und Unterkünften

Der Bau von Flößen wird bei organisierten Outdoor-Aktivitäten wie bei den Pfadfindern oft als Gemeinschaftsaktion eingesetzt, um die Gruppenbildung zu verstärken. Beim Militär ist der Floßbau ein Teil ihres Überlebenstrainings. Ein Floß kann das einzige oder beste Mittel sein, um einen Fluss zu überqueren oder ihn stromab zu fahren. Allerdings kann ein Floß auch eine Gefahr darstellen, sofern es nicht sicher gebaut ist. Vor allem die Fahrt über Stromschnellen kann dann tödlich enden, wenn sich das Gefährt dabei in seine Einzelteile zerlegt.

Besonders wichtig ist die Fähigkeit, mit den vorhandenen Mitteln eine behelfsmäßige Unterkunft zu bauen, die vor Regen und Kälte schützt. Nicht ohne Grund ist der Bau einer Notunterkunft ein zentrales Thema bei jedem Survival-Training.

> Seile und Knoten sind für den Bau von Flößen und Behelfsunterkünften in Überlebens- oder Freizeitsituationen oft hilfreich, manchmal sogar unbedingt erforderlich.

In einer derartigen – simulierten oder realen – Überlebenssituation kann es durchaus vorkommen, dass auf Anhieb kein geeignetes Material zur Verfügung steht, um ein Floß oder eine Unterkunft zu bauen. Holz gibt es oft reichlich, aber die Versorgung mit Verbindungsmitteln kann ein Problem sein. Behelfsmäßig lassen sich Lianen oder anderes natürliches Material verwenden.

In jedem Fall ist wichtig, dass man die richtigen Knoten kennt, um die Teile eines Floßes oder einer Notunterkunft sicher miteinander zu verbinden. Dabei handelt es sich vor allem um die sogenannten Bünde.

## 3.1 Bünde

Als Bund werden Seilverbindungen bezeichnet, mit denen Stangen, Pfosten oder Balken fest miteinander verzurrt werden, wie es beim Bau von Flößen oder Unterkünften nötig ist. Zu ihnen gehören Kreuz-, Diagonal-, Längs- und Dreibeinbund (siehe auch **Abb. 9** bis **11**), die jeweils für eine bestimmte Aufgabe geeignet sind.

### Kreuzbund

Dieser Bund wird vor allem zur Verbindung von zwei Kanthölzern verwendet, oder wenn zwei Stangen in einem rechten Winkel verbunden werden sollen. Er sorgt für eine sichere Verriegelung, die Bewegungen minimiert und eine optimale strukturelle Festigkeit erzeugt (**Abb. 55**). Auf diese Weise werden Lasten effektiv getragen und die Querträger sicher und stabil gehalten.

Beginnen Sie mit einem Zimmermannsknoten (siehe **Abb. 14**) oder Webeleinenstek (**Abb. 45**), um das Seilende zu fixieren. Der

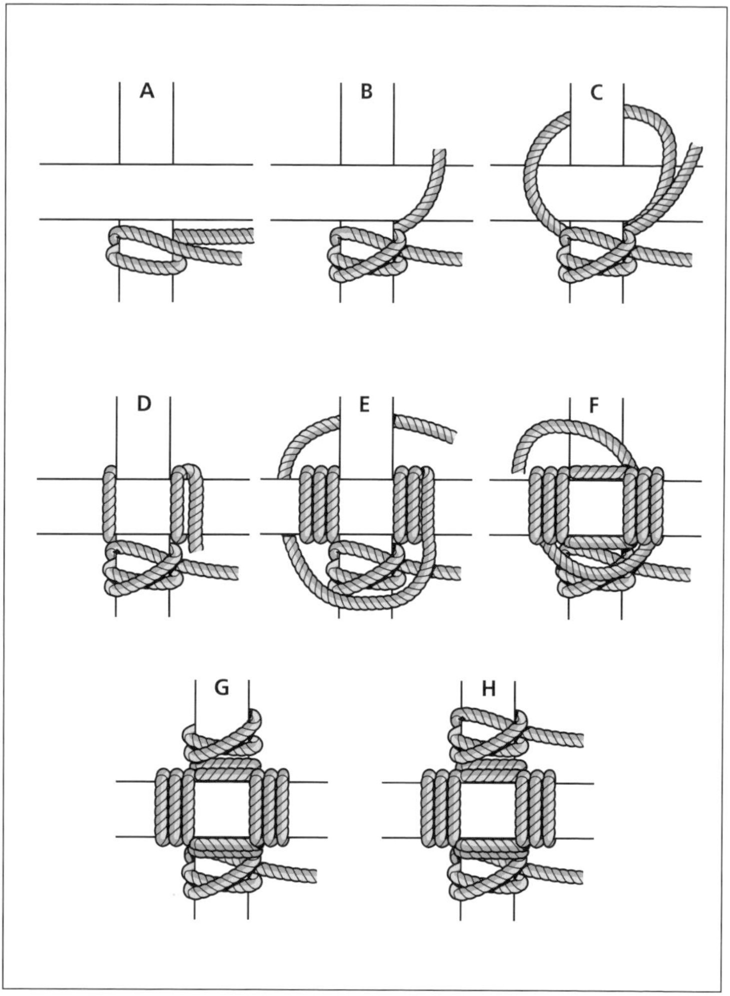


*Abb. 55*

*Der Kreuzbund ist ein wesentlicher Knoten für den Bau von Strukturen aus Seilen und Stangen wie Flößen oder Unterkünften.*

Anfangsknoten liegt immer auf der senkrechten (tragenden) Stange unterhalb der Querstange (**Abb. 55 A**). Gehen Sie dann mit dem Seil vor dem horizontalen Holz nach oben (**Abb. 55 B**), hinter dem vertikalen Pfosten herum, wieder vor dem horizontalen Holz nach unten (**Abb. 55 C**) sowie hinter dem vertikalen Pfosten herum zum Ausgangspunkt der ersten Windung (**Abb. 55 D**).

Die einzelnen Umwindungen (Schläge) müssen fest angezogen werden, damit der Bund hält. Zum Abschluss wird alles mit Querschlägen zum Knebeln festgezogen (**Abb. 55 E+F**). Beenden Sie den Kreuzbund mit einem Stopperstek (siehe **Abb. 12**) an der oberen vertikalen Stange (**Abb. 55 G+H**). Der Kreuzbund lässt sich beidhändig binden.

## Diagonalbund

Der Diagonalbund wird verwendet, wenn sich die zu verbindenden Stangen nicht im rechten Winkel kreuzen oder es sich um zwei Rundhölzer handelt. Er ist auch praktisch, wenn die Stangen erst aufeinander zugezogen werden müssen, um sie zu befestigen (**Abb. 56**).

Am Anfang steht auch hier der Zimmermannsknoten (siehe **Abb. 14**) oder Webeleinenstek (siehe **Abb. 45**), um das Seilende zu fixieren (**Abb. 56 A+B**). Dieses Mal befindet er sich an der horizontalen Stange links vom Pfosten. Legen Sie dann mehrere Umwindungen nacheinander in den stumpfen Winkel (**Abb. 56 C**), dann folgen einige Schläge in den spitzen Winkel (**Abb. 56 D**). Zum Knebeln dienen Querschläge (**Abb. 56 E+F**), bevor der Diagonalbund ebenfalls mit einem Stopperstek (**Abb. 56 G+H**) beendet wird – dieses Mal jedoch gegenüber dem Anfangsknoten auf der rechten Seite der horizontalen Stange.

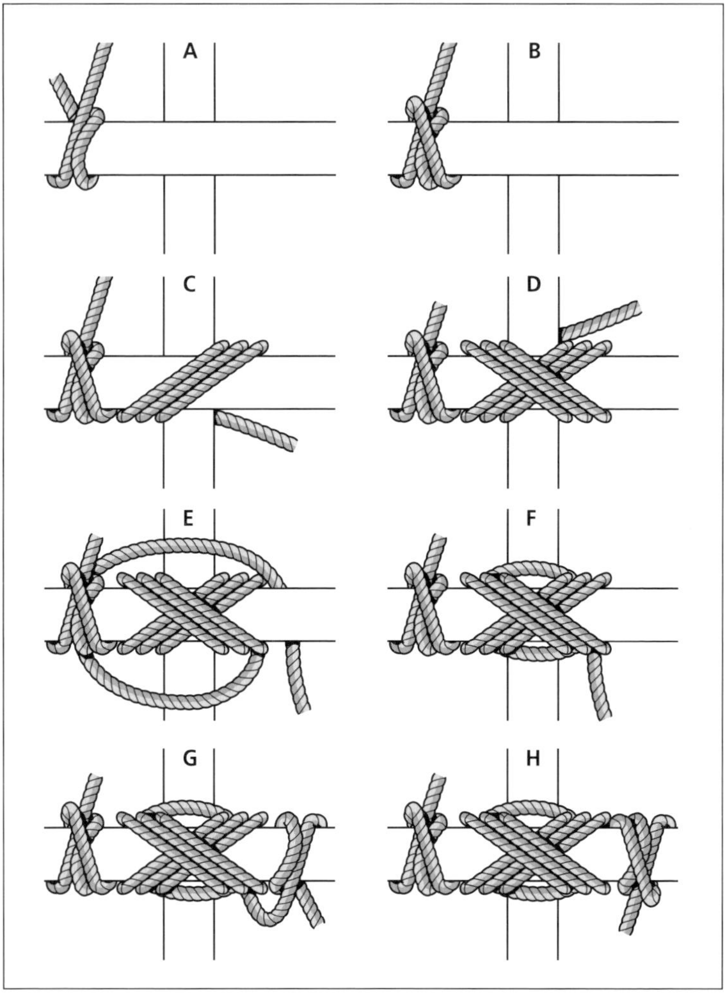


***Abb 56***

*Den Diagonalbund sollte man dort anwenden, wo Hölzer in einem Winkel zwischen 45 und 90 Grad verbunden werden.*

## Längsbund / Parallelbund

Dieser Bund dient zur Längsverbindung von Hölzern – entweder, um zwei nebeneinander stehende Pfosten zu verbinden, oder um eine Stange zu verlängern. Er kann Zug oder Druck gut aufnehmen, Querkräfte dagegen schlecht (**Abb. 57**). Locker gebunden kann man damit auch einen A-Rahmen erzeugen.

Beginnen Sie auch hier wieder mit dem Zimmermannsknoten (siehe **Abb. 14**) oder Webeleinenstek (siehe **Abb. 45**), um das Seilende zu fixieren – jetzt aber um beide Stangen! Führen Sie das Seil dann mehrmals um die zwei zu verbindenden Stangen herum (**Abb. 57 A**), aber nicht stramm anziehen. Nach sechs bis acht horizontalen Umwindungen führen Sie das Seil nun zum Knebeln senkrecht zwischen den Stangen um die vorigen Windungen (**Abb. 57 B**). Zum

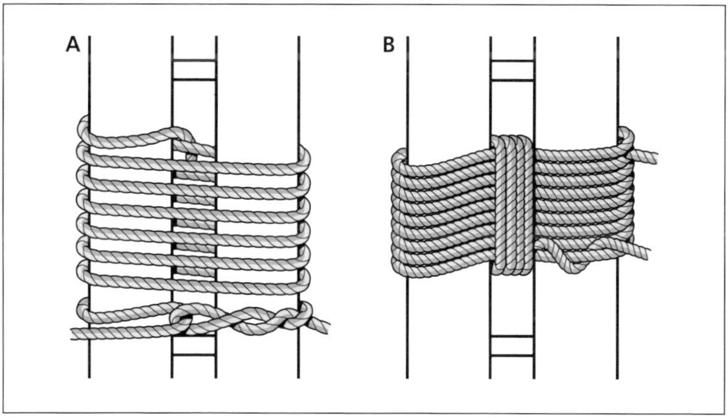


*Abb. 57*

*Der Längsbund kann dazu verwendet werden, Holzstäbe zu verlängern. Dazu werden sie an ihrem Ende auf diese Weise miteinander verbunden.*

Abschluss wird das lose Ende mit einem Achter oder Stopperstek gesichert.

Es ist nicht nötig, mehr als acht Windungen zu legen. Dafür sollten die Stangen aber an mindestens zwei oder drei Stellen mit einem Längsbund fixiert werden.

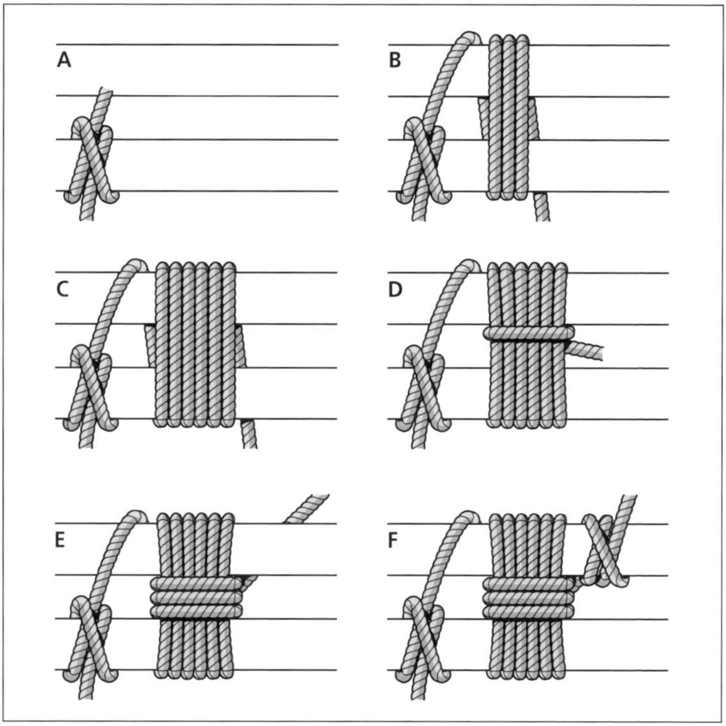


*Abb. 58*

*Der schiefe Parallelbund wird ähnlich wie der normale Parallelbund gebunden, nur mit mehr Spielraum. Die beiden Stangen können dann gespreizt werden.*

### Schiefer Parallelbund

Mit Hilfe dieser Verbindung (**Abb. 58**) lassen sich zwei Stangen so flexibel verbinden, dass sie sich in einem Winkel spreizen lassen. Eine solche X- oder A-Konfiguration ist zum Beispiel als Anfangskonstruktion für ein Zeltgestänge geeignet. Wenn die Beine geöffnet und gespreizt werden sollen, muss der Bund locker genug sein, um diese Bewegung zu ermöglichen.

Auch hier beginnt man an einer Stange mit dem Webeleinenstek zum Fixieren des Seils (**Abb. 58 A**). Legen Sie die Hölzer mit ein wenig Abstand parallel zueinander und führen Sie das lose Ende mehrfach um die Stangen herum (**Abb. 58 B-C**). Dann führen Sie das Seil mehrfach mittig um die Wicklung herum (**Abb. 58 D-E**) und sichern das Ende wiederum mit einem Webeleinenstek (**Abb. 58 F**). Sofern Sie das Seil nicht wirklich stramm gezogen haben, ist noch genug Spiel vorhanden, um die nicht verbundenen Enden der Pfosten auseinander zu ziehen.

## 3.2 Floß aus Baumstämmen

Ein Floß aus Baumstämmen (**Abb. 59**) ist ein einfaches, aber effektives Wasserfahrzeug und kann komplett aus natürlichen Materialien hergestellt werden – auch in einem Überlebensszenario. Für Konstruktion und Bau eines derartigen Floßes sind als Werkzeuge lediglich Säge oder Axt und Messer erforderlich, um die Stämme zu fällen und anschließend in die richtige Form zu bringen.

Bevor man mit dem Bau eines Floßes beginnt, ist es sinnvoll, die Stämme auf ihre natürliche Schwimmfähigkeit zu überprüfen. Dazu markieren Sie die Wasserlinie auf der Oberseite zur späteren

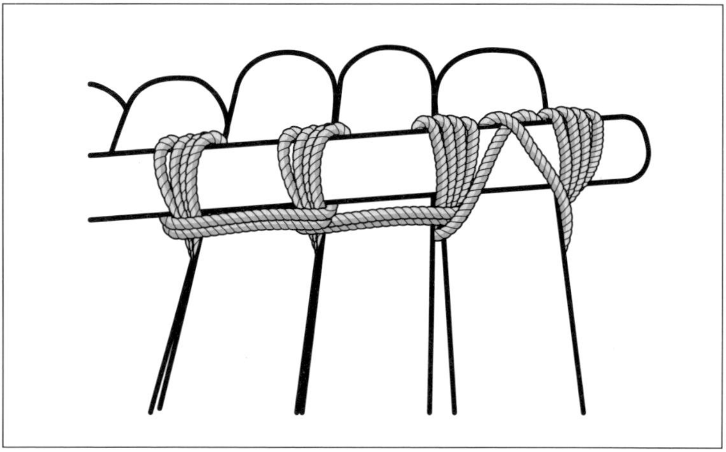

***Abb. 59***

*Ein Floß aus Stämmen ist ein typisches Beispiel dafür, wie Sie Seile und Knoten in einer Überlebenssituation verwenden können.*

Kontrolle, ob sich das Holz mit Wasser vollgesogen hat oder nicht. Mindestens die Hälfte des Stamms sollte aus dem Wasser ragen, da ansonsten eine spätere Belastung womöglich nicht gewährleistet ist. Wenn ein Baumstamm zu tief im Wasser liegt oder zu schwer ist, nehmen Sie besser einen anderen.

Sie müssen mindestens vier Querbalken verwenden, die über und unter den Stämmen befestigt werden. Die Querhölzer müssen länger sein als das gesamte Floß breit ist, wodurch sie über den Rand hinausragen. Schneiden Sie einige Kerben in das Ende der Träger, so dass das Verbindungsmaterial (Seil) nicht abrutschen kann.

Nehmen Sie nun Seile oder anderes geeignetes Material und verbinden Sie die Längs- mit den Querhölzern. Dazu benutzen Sie

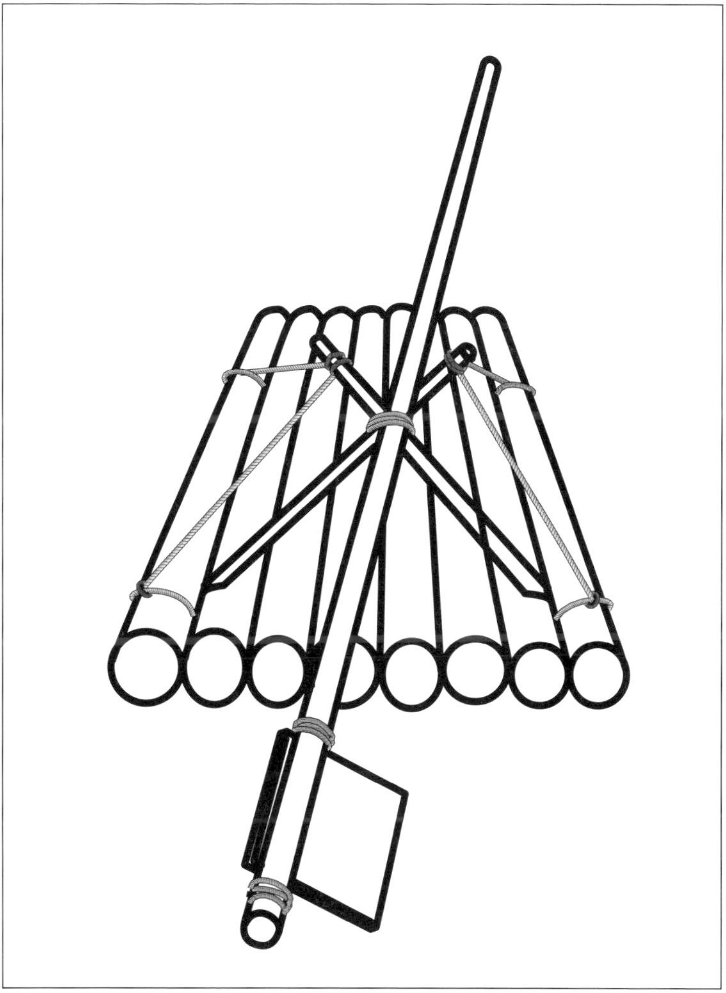

*Abb. 60*

*Für die Ruder-Halterung werden zwei Stangen zu einem X-förmigen Gestell verbunden, das aufgestellt und mit dem Deck verzurrt wird.*

entweder den Kreuz- oder den Diagonalbund. Wenn möglich, schieben Sie Bretter oder flache Rindenstücke zwischen die Längsstämme, damit diese dem Floß als Kiel Richtungsstabilität verleihen.

Als nächstes fertigen Sie ein X-förmiges Gestell an und stellen es am Heck des Floßes auf. Es bildet die Lagerung des Ruders (**Abb. 60**). Dazu benötigen Sie zwei stabile kürzere Stangen, die mit einem schiefen Parallelbund verbunden werden (siehe **Abb. 58**). Das Gestell wird vertikal aufgestellt und nach beiden Seiten verzurrt. Schaffen Sie dort, wo die Beine des X-Rahmens auf dem Floß stehen, jeweils eine Kerbe in passender Größe. So verhindern Sie, dass das Gestell wegrutscht. Dazu kommen eine lange Stange als Ruder sowie ein flaches Holzstück als Ruderblatt. Verwenden Sie einen weiteren schiefen Parallelbund (siehe **Abb. 58**), um das Ruder an dem X-Rahmen zu befestigen.

Je nach vorhandenem Material kann eine Portion Einfallsreichtum erforderlich sein, um das Ruderblatt am Ende des Ruders zu befestigen. Wenn das Ruder dick genug ist, können Sie eventuell ein langes Loch hineinschneiden, das breit genug für das Brett ist, und dieses dann am Ruder verzurren. Andernfalls könnten Sie auch das Ruder vorsichtig spalten, das Ruderblatt dazwischen festklemmen und mit einem Diagonalbund befestigen. Auf jeden Fall sollte die Belastbarkeit des Ruder möglichst groß sein.

## 3.3 Das Bambus-Floß

Sofern Sie sich in tropischen Gefilden aufhalten, ist Bambus ein sehr gut geeignetes Material zum Floßbau (**Abb. 61**). Die Stängel dieser zu den Gräsern zählenden Pflanze sind jedoch ziem-

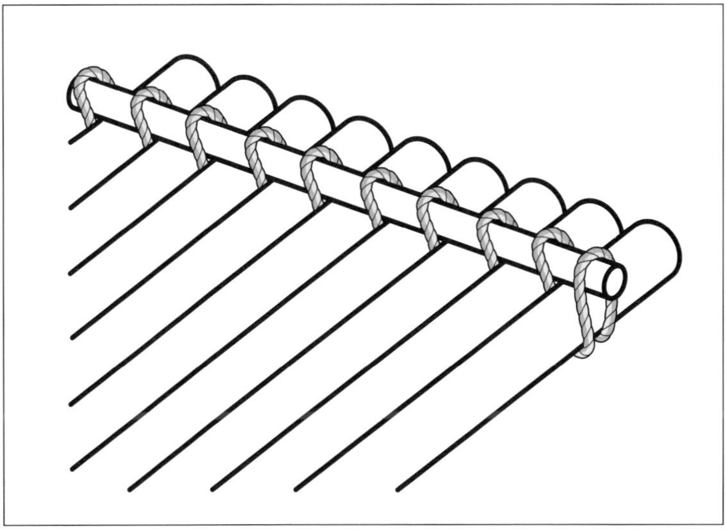

***Abb. 61***

*Das Bambus-Floß ist ein weiteres Beispiel dafür, wie Seile, Lianen oder dünne Weiden verwendet werden, um ein brauchbares Wasserfahrzeug herzustellen.*

lich hart und damit schwierig zu fällen und zu bearbeiten. Eine gute Säge und ein scharfes Messer oder eine Machete sollten also vorhanden sein. Man kann die einzelnen »Halme« an der Basis aber auch anbrennen, bis sie umstürzen.

Schneiden Sie den Bambus auf eine Länge von etwa drei Metern ab und sorgen Sie für eine ausreichende Anzahl an Stämmen, um das Floß breit genug zu machen. Außerdem ist es sinnvoll, zwei Lagen von Bambus übereinander zu schichten, um die Tragfähigkeit zu erhöhen.

Quer über die Stämme legen Sie vier oder fünf Querbalken aus dünneren Bambusstämmen. Schneiden Sie diese Balken so zu, dass sie etwas länger sind als die Gesamtbreite des Floßes. Schlagen Sie leichte Kerben nahe den Enden der Balken ein, um ein Abrutschen des Seils zu verhindern. Verbinden Sie alles, indem Sie das Seil abwechselnd unter den Stämmen hindurch und über die Balken führen. Sichern Sie die Enden der Seile mit einem Kreuz- oder Diagonalbund.

## 3.4 Unterstände

### A-Rahmen-Unterstand

Ein typischer Unterstand, der sich mit einfachsten Mitteln herstellen lässt, ist der »A-frame-shelter« (zu Deutsch: A-Rahmen-Unterstand). Für dessen Bau werden die im vorherigen Abschnitt kennengelernten Verzurrungen wie der Diagonal-, der Kreuz- und der Parallelbund eingesetzt – meistens gleichzeitig.

Schneiden Sie als erstes Äste oder junge Bäume in geeigneter Länge ab und binden Sie sie mittels schrägem Parallebund zusammen. Dadurch entsteht der gewünschte A-Rahmen. Je nachdem, wieviel Zeit und Ressourcen zur Verfügung stehen, können Sie auch mehrere dieser »A-frames« anfertigen – es sollten aber auf jeden Fall mindestens zwei sein.

Nehmen Sie dann eine lange Stange als Firstbalken, legen Sie diese auf die A-Rahmen und verbinden Sie sie mittels Diagonalbund. Je nach Belieben können Sie weitere Äste oder Stangen als Sparren am »A-frame« befestigen, oder auch eine senkrechte Stütze in den Boden rammen, um den First zu stützen.

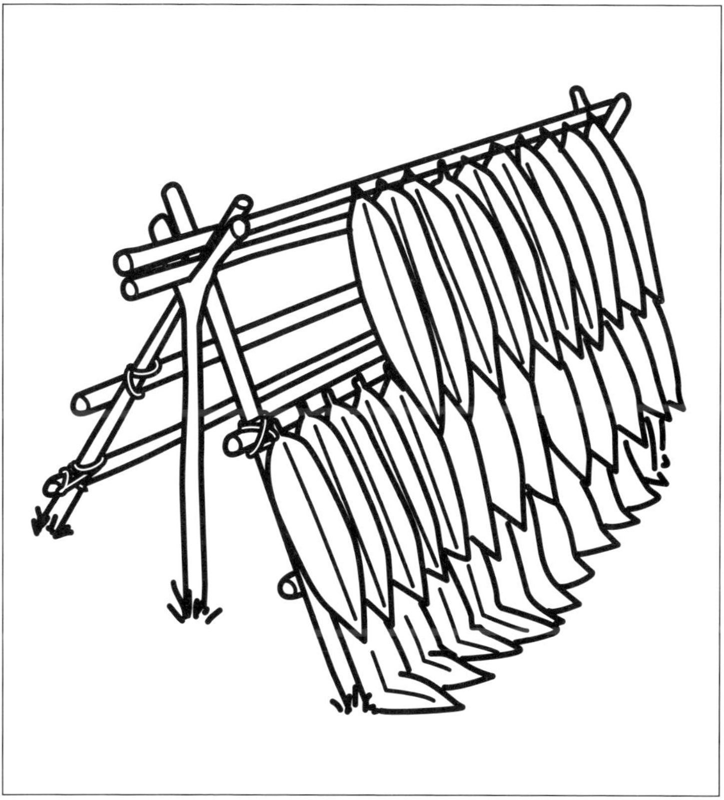

*Abb. 62*

*Ein Unterstand aus zwei oder mehr A-Rahmen ist eine sehr nützliche Konstruktion, die in fast jeder Umgebung erbaut werden kann.*

Abschließend bedecken Sie das auf diese Weise gebaute Gestell noch mit Zweigen, großen Blättern oder anderer Vegetation, um ein dichtes Dach zu erhalten (**Abb. 62**).

## Offener Unterstand (Schrägdach-Unterstand)

Dieser Wetterschutz kann aus einer Reihe abgeschnittener Äste konstruiert werden. Um die nötige Stabilität zu erreichen, eignet sich beim Bau als Verbindungsknoten am besten der Diagonalbund.

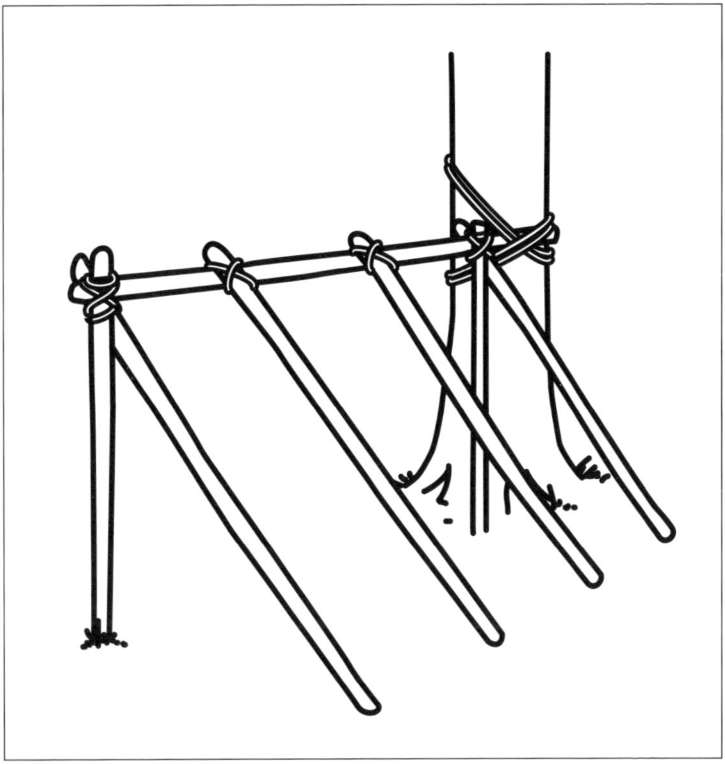

*Abb. 63*

*Der offene Unterstand ist ein sehr einfacher Schutz vor den Unbilden der Witterung. Er benötigt eine feste Struktur wie einen Baum zum Abstützen.*

Sie benötigen wie beim A-Rahmen-Unterstand zunächst eine lange Stange als Firstbalken. Diese befestigen Sie an einem Ende in der niedrigen Astgabel eines Baums oder mittels Diagonalbund direkt am Baum selbst (**Abb. 63**).

Das andere Ende des Firsts wird an einem senkrecht in den Boden gerammten Pfosten – ebenfalls mittels Diagonalbund – befestigt. Idealerweise kann der Pfosten am oberen Ende auch eine Astgabel haben, um den First dort einfach aufzulegen. Eventuell kann an Stelle des Pfostens auch ein zweiter, nahe stehender Baum genutzt werden.

Die weiteren Stangen/Äste legen Sie schräg auf den First und binden sie dort mittels Diagonalbund fest. Die ganze Konstruktion können Sie dann wie im vorigen Beispiel mit Vegetation abdecken.

# 4
# Knoten für Retter, Angler und Fallensteller

Knoten und Seile sind wesentliche Werkzeuge für Rettungstechniken, dem Auslegen von Angelleinen und beim Bau von Tierfallen. Je mehr Knoten man kennt, desto größer ist die Chance, eine Überlebenssituation gut und erfolgreich zu überstehen.

## 4.1 Knoten zum Heben und Befestigen von Lasten und Personen

### Feuerwehr-Stuhlknoten

Wie wir bisher erfahren haben, gibt es für viele Knoten zahlreiche praktische und sinnvolle Einsatzmöglichkeiten. Einige wurden für bestimmte Situationen geschaffen, wie zum Beispiel der so genannte Feuerwehr-Stuhlknoten (**Abb. 64**), der aus einem einfachen Seil einen Rettungsgurt für Evakuierungen macht. Die Idee ist, dass eine Schlaufe unter den Armen durchgeht und somit den Körper trägt, während die andere Schlaufe unter den Knien verläuft und damit die Beine hält – man »sitzt« sozusagen in einer Seilkonstruktion, ohne

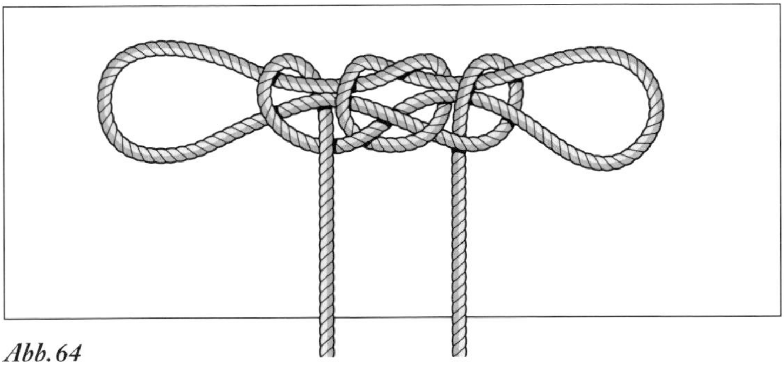

*Abb. 64*

*Der Feuerwehr-Stuhlknoten ist ein nützlicher Knoten für Rettungskräfte. Mit ihm lässt sich eine spezielle Rettungsschlinge binden. Eine der Schlaufen wird unter die Arme gelegt, die andere unter den Beinen positioniert.*

eigentliche Stütze unter dem Becken. Während das feste Seilende – das am Oberkörper – vor allem zum Heben und Senken der Person benutzt wird, dient das lose Ende – an den Beinen – zusätzlich noch zum Manövrieren und Stabilisieren.

Der Feuerwehr-Stuhlknoten gilt als rein provisorisches Gurtzeug, das verwendet werden soll, wenn herkömmliche Seilrettungstechniken nicht verfügbar sind. Er wird tatsächlich selten von professionellen Rettungsteams eingesetzt.

Zuerst wird mit dem Seil eine Bucht erstellt und im Uhrzeigersinn eine Überhandschlaufe gemacht. Dann eine rechtsdrehende Handschlaufe kreuzen, die beiden Schlaufen teilweise überlappen und die rechte Handschlaufe auf die linke Seite legen. Dann nehmen Sie die vorderen Kanten der beiden Schlaufen und führen Sie sie seitwärts durch die Schleifen. Ziehen Sie an den Schlaufen, um diesen Teil des Knotens festzuziehen. Nehmen Sie das linke stehende Ende und legen es hinter die linke Schleife, dann über die Front und unten vor seinem eigenen stehenden Ende vorbei. Verlängern Sie die Schlaufen, bis sie groß genug sind, um der zu hebenden Person umgelegt zu werden.

## Fassschlag

Dieser Knoten wurde in der Schifffahrt traditionell zum aufrechten Heben von Fässern und anderen zylindrischen Behältern oder Gegenständen aus Schiffsladeräumen verwendet. Prinzipiell entspricht er einem einfachen Überhandknoten (siehe **Abb. 1**), in den der Behälter mittig hineingestellt wird. Das freie Ende wird beispielsweise mit einem Palstek oben am herabhängenden Seil befestigt. So unter Zug gesetzt, zieht sich der Knoten zu und zentriert den Behälter sicher in der Mitte, ohne dass er nach unten herausrutschen kann (**Abb. 65**).

Der Fassschlag erfüllt die modernen Sicherheitsanforderungen unserer Zeit nicht mehr. Man sollte deshalb darauf achten, dass man nicht darunter steht, wenn ein schweres Objekt angehoben wird.

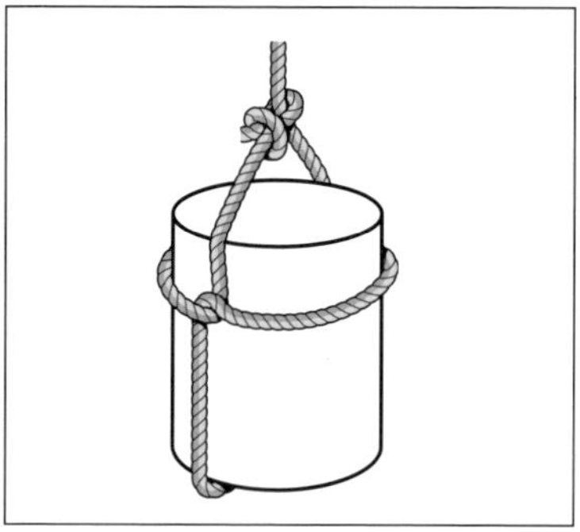

*Abb. 65*
*Der Fassschlag ist ein praktischer Knoten zum Heben eines runden oder zylindrischen Gegenstandes.*

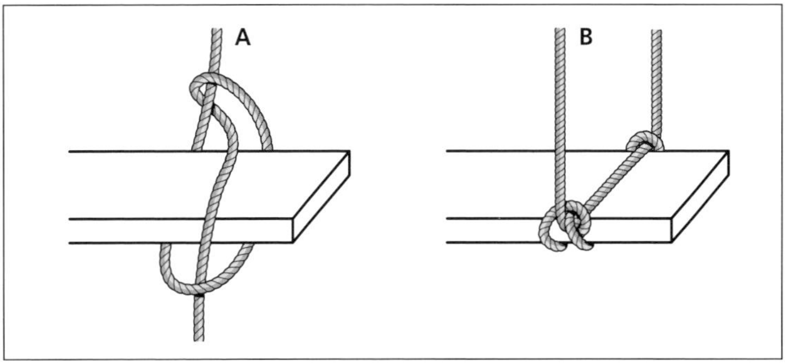


*Abb. 66*
*Die Brettschlaufe oder Plankenschlinge ist äußerst nützlich, wenn es darum geht, eine frei hängende Plattform zu erstellen. Einmal gelernt ist sie sehr einfach nachzulegen.*

Machen Sie zunächst einen lockeren, einfachen Überhandknoten mit der Überkreuzung oben und ziehen Sie die einzelnen Stränge etwas auseinander. Nehmen Sie dann den Mittelteil und klappen ihn über den unteren Strang. Dadurch wird nun das erste untere Seilstück zum neuen Mittelteil. Jetzt können Sie den zu hebenden Gegenstand auf diesen Mittelstrang stellen und die Seilenden nach oben anheben. Das lose Ende können Sie nun mit einem Palstek um das feste Ende binden und den Fassschlag somit fixieren.

## Planken- oder Brettschlaufe

Sie wird verwendet, um eine frei schwebende Arbeitsplattform herzustellen, wie sie zum Beispiel außenbords an einem Schiff für Malerarbeiten oder andere Reparaturen erforderlich ist (**Abb. 66**). Die Brettschlaufe oder auch Plankenschlinge eignet sich auch sehr gut, um ein Brett für eine Schaukel zu befestigen. Dabei werden zwei Schlaufen um das Brett gelegt und die innere Schlaufe dann über das Brett gezogen.

Zuerst ziehen Sie das lose Ende des Seils unter dem Brett durch und wieder zurück, so dass eine Schlaufe entsteht, deren Öffnung frei liegt. Das lose Ende führen Sie dann um das feste Ende herum, legen es über das Brett und ziehen es durch diese Öffnung (**Abb. 66 A**). Anschließend ziehen Sie das lose Ende nochmals durch diese Schlaufe und führen es schließlich wieder ganz nach oben (**Abb. 66 B**), wo es neben dem festen Ende an der Reling oder einem anderen Fixpunkt befestigt und gesichert wird. Richten Sie die Schlinge und das Brett korrekt aus und wiederholen Sie den Vorgang am anderen Ende der Planke, so dass letztere horizontal hängt.

## Doppelter Schotstek

Als beliebter Segelknoten ist der doppelte Schotstek (**Abb. 67**) eine »verbesserte« Version des einfachen Schotsteks (siehe **Abb. 4+49**). Letzterer ist – wie schon erwähnt – gut geeignet für das Zusammenknüpfen von Seilen oder Bändern, die idealerweise den gleichen Durchmesser haben. Sind die Durchmesser unterschiedlich, verwendet man besser den doppelten Schotstek.

Beginnen Sie wie beim einfachen Schotstek: Am Ende des dickeren der beiden Seile wird eine Schlaufe gelegt. Das lose Ende des zweiten Seils geht von hinten durch die Schlaufe (**Abb. 67 A**), wird dann über das lose Ende von Seil 1 nach außen gelegt, um beide Stränge von Seil 1 herumgeführt (**Abb. 67 B**) und dann unter dem festen Ende von Seil 2 durchgezogen (**Abb. 67 C**). Nun wickeln Sie das lose Ende von Seil 1 ein weiteres Mal um Seil 1 herum und

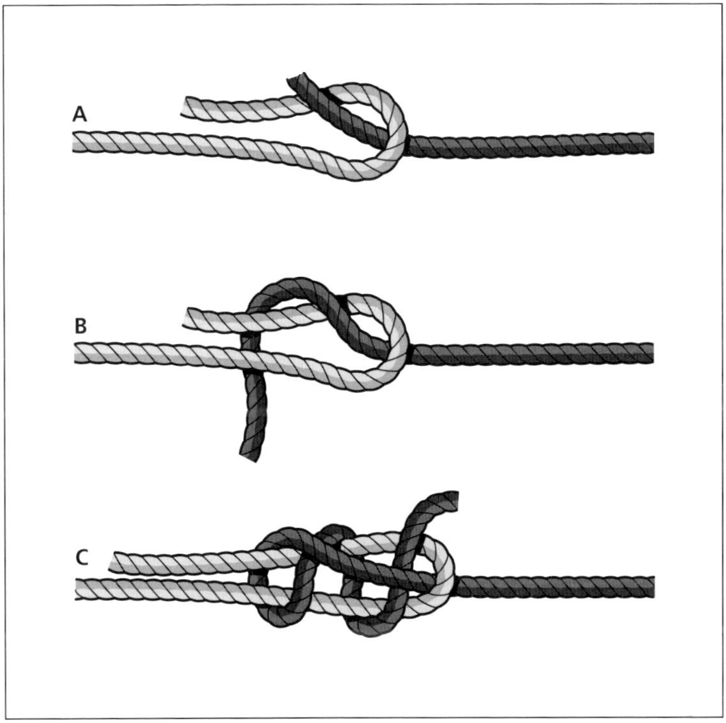


*Abb. 67*

*Der doppelte Schotstek ist eine stärkere Version des einfachen Schotsteks und wird nicht nur deshalb gerne beim Segeln verwendet.*

führen es abschließend erneut unter dem festen Ende von Seil 2 und über Seil 1 hinweg nach außen (**Abb. 67 C**). Ziehen Sie den Knoten fest zu, achten Sie aber auf den korrekten Sitz der beiden Seile. Falls Sie dabei schlampig arbeiten, kann sich der Knoten schon beim Zuziehen sofort wieder lösen.

## Kettenstek

Der Kettenstek (**Abb. 68**) wird auch Knotenkette genannt und besteht aus einem Seil, das aus vielen in Reihe ineinander gesteckten Slipstek-Knoten hergestellt wurde. Er dient häufig dazu, ein Seil zu verkürzen. Der Kettenstek ist sowohl effektiv als auch dekorativ und kann schnell wieder gelöst werden: Einmal am losen Ende gezogen, lösen sich alle Schlingen nacheinander auf, da sie eine Kette bilden: Jede neue Schlinge geht durch die vorherige hindurch und wird dadurch gesichert. Zum Schluss muss das lose Ende mittels Webeleinenstek oder einem ähnlichen Knoten gesichert werden.

Fixieren Sie ein Ende des Seils an dem Gegenstand, der zusammengebunden werden soll – zum Beispiel ein Teppich oder ein Segel. Benutzen Sie dazu am besten einen Zimmermanns-Knoten. Aus dem losen Ende bilden Sie zunächst eine erste Schlaufe (eine Bucht) und dann sogleich eine zweite Schlaufe, die Sie um den Gegenstand herumführen und durch die zuvor erzeugte erste Schlaufe stecken. Diesen Vorgang wiederholen Sie so oft wie nötig, um das Paket zu binden beziehungsweise so lang das Seil ist.

*Abb. 68*

*Der Kettenstek eignet sich zum Sichern von Materialbündeln wie Segeln oder Teppichen, die leicht aus herkömmlichen Zurrungen herausfallen können.*

### Diamant-Kupplungsknoten

Der »Diamond Hitch« ist einer der raffiniertesten Knoten, der je entwickelt wurde (**Abb. 69**). Er wurde ursprünglich erfunden, um Lasten aller Art und Form auf Tieren befestigen zu können. Es existieren zahlreiche Versionen – nicht nur für verschiedene Lastenarten, sondern auch für verschiedene Geländearten. In unwegsamem Gelände wie etwa im Hochgebirge, wo es häufige Schwierigkeiten mit Packtieren gab, die mit ihrer Last fielen, setzten die Packer diesen Knoten ein. Der abschließende Knoten dieser Verzurrung befindet sich auf dem Rücken des Tieres und kann somit leicht erreicht werden, selbst wenn das Tier auf dem Bauch oder der Seite liegt.

Es gibt zwei Versionen: Den Ein-Mann-Diamant und den Zwei-Mann-Diamant. Bei der ersten Version muss der Packer mehrmals um das Tier herumgehen, bei zwei Packern entfällt dies naturgemäß, wodurch das Beladen einfacher und schneller abläuft.

Um den Knoten korrekt ausführen zu können, benötigen Sie ein leiterartiges Tragegestell. Um dessen mittlere Strebe legen Sie eine Schlinge, die Sie anschließend mehrfach derart verdrehen, dass in der Mitte ein Auge entsteht. Das ist der Mittelpunkt des Gepäcks. Es kann sich dabei um ein sperriges Einzelteil handeln, aber auch um verschiedene kleinere Stücke, die in eine Plane eingewickelt sind. Das erste Seilende bleibt zwar unbelegt an der Seite, ist aber durch das Verdrehen des Auges faktisch fest.

Führen Sie nun das lose Seilende über einen Eckpunkt des Gestells zum Auge, durch dieses hindurch und zu einem weiteren Eckpunkt – und wieder zum Auge. Diesen Vorgang wiederholen Sie so oft, bis alle Gegenstände auf dem Tragegestell sicher verzurrt sind oder das Seilende erreicht ist. Fixieren Sie das Ende mit einem Sicherungsknoten ihrer Wahl.

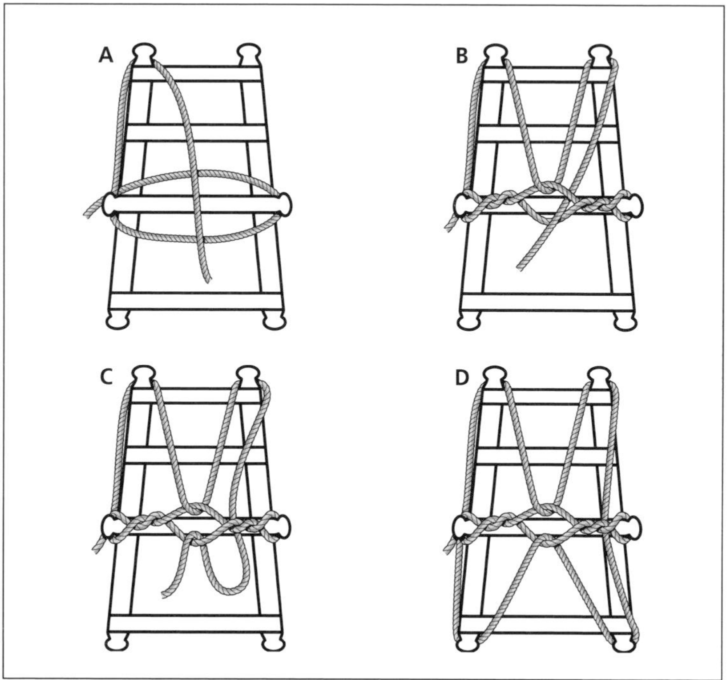


*Abb. 69*

*Der Diamant-Kupplungsknoten wird seit langer Zeit verwendet, um unförmige oder sperrige Lasten auf einem Transportmittel wie einem Packtier oder Lastwagen zu sichern.*

## 4.2 Jagd- und Fanggeräte

### Fischen und Angeln

Beim Angeln erledigt die Schnur die eigentliche Arbeit des Fangens, während man sich selbst ausruhen kann. Vor allem in der Dämmerung oder nachts ist diese Methode erfolgreich, weshalb man sie auch als »Nachtleine« bezeichnet (**Abb. 70**).

Nehmen Sie eine geeignete Schnur oder ein dünnes Seil und hängen Sie kurze Schnüre daran, an denen wiederum Angelhaken befestigt sind. Fixieren Sie nun ein Ende des Seils an einem Pfosten oder Baumstamm und binden Sie ein Gewicht an das andere Ende. Werfen Sie das Gewicht quer zur Fließrichtung in den Bach oder Fluss, so dass die Hauptschnur darin schräg bis zum Grund reicht. Die einzelnen Haken werden dabei von der Strömung abgelenkt und bewegt.

Sind beide Ufer eines Gewässers zugänglich, lässt sich das Seil gleichmäßig an Pfosten oder Bäumen befestigen. Die Angelschnüre

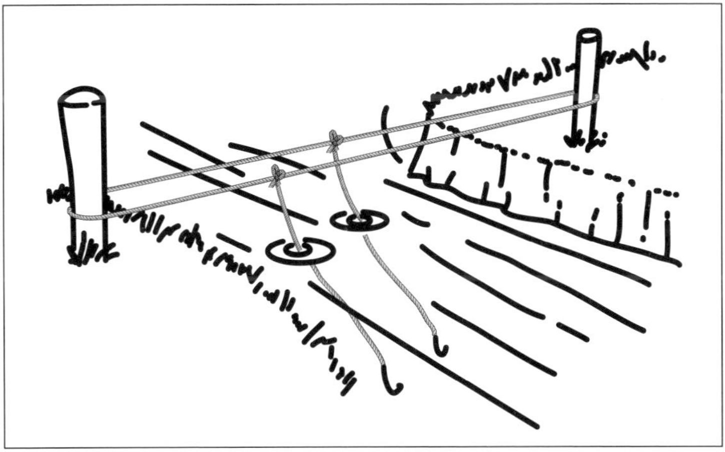

***Abb. 70***

*Die »Nachtleine« kann eine äußerst effektive Art des Fischfangs sein, während Sie sich mit anderen Aufgaben beschäftigen oder beim Schlaf erholen.*

und Haken hängen von dem mittig beschwerten Seil dann über die ganze Breite ins Wasser.

Wenn Sie einen Schwimmer besitzen, können Sie mit einer Angelrute fischen, wobei der Haken unterhalb des Schwimmers hängt. Bauen Sie Ihre eigene Rute, indem Sie einen passenden Stock/Ast schneiden und eine Schnur daran anbinden, an der Sie den Haken anbringen. Idealerweise sollten Sie einen jungen Zweig schneiden, der flexibel ist. Ein bereits trockener Ast bricht möglicherweise bei starkem Zug auf den Haken.

Wenn Sie sich fit genug fühlen, können Sie sich in einer Überlebenssituation auch mit dem Fliegenfischen versuchen. Diese Methode beruht auf dem Flattern einer auf die Wasseroberfläche abgestürzten Fliege – in diesem Fall jedoch einer improvisierten »Fliege«, in die ein Haken eingebettet ist. Fast alle Fische werden versuchen, die Fliege zu erbeuten – und damit auch den Haken schlucken. Weil Fische vorsichtig sind, muss die falsche Fliege sehr überzeugend wirken. Sie sollte daher aus Vogelfedern, eventuell sogar aus einem echten Insekt angefertigt sein.

## Netz- und Korbfalle (Reuse)

Eine andere Möglichkeit, Seil, Leine und Knoten für die Nahrungsbeschaffung zu verwenden und damit das Überleben zu sichern, ist das Anfertigen eines Netzes für den Fischfang. Ein einfaches Gitternetz lässt sich bauen, indem man Seile horizontal zwischen zwei im Wasser stehende Bäumen oder Wurzelstöcke bindet und dann vertikale Leinen in die horizontalen Stränge einflechtet, um ein Gitter zu erzeugen. Dafür eignet sich am besten der Grundleinenknoten (siehe **Abb. 79**), der speziell für das Binden einer Schnur um eine andere herum entwickelt wurde.

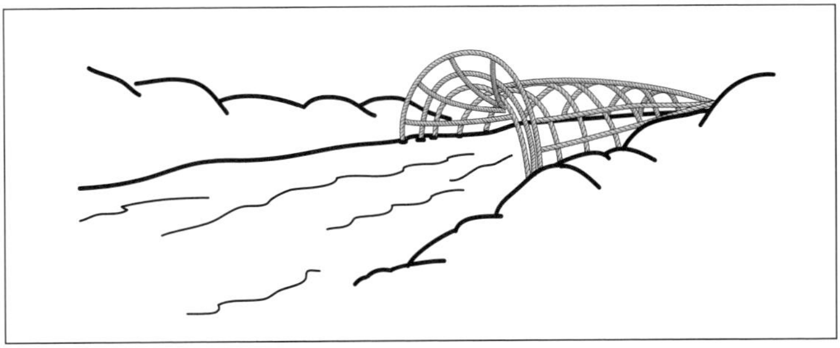

*Abb. 71*
*Obwohl der Bau einer Reuse oder Korbfalle eine lange Zeit dauern kann, ist sie ein effektives Mittel, um Fische zu fangen. Sie muss dazu nur an der richtigen Stelle platziert werden.*

Eine aufwändigere Form der Fischfalle ist eine Korbfalle oder Reuse (**Abb. 71**). Allerdings dürfte es einige Zeit dauern, sie zu bauen – ganz abgesehen von der Übung, die dafür erforderlich ist. Diese Falle erfordert eine Menge flexibler Äste, die entsprechend gebogen und gebunden werden müssen, um einen Korb herzustellen. Wie beim Fischfang mit dem Netz sollte die Falle nur für kurze Zeit benutzt werden und niemals länger unbeaufsichtigt sein.

## Tierschlinge

Ein dünnes Seil oder eine einfache Schnur lassen sich verwenden, um eine Reihe von wirksamen Tierfallen herzustellen. Eine der einfachsten Fallen ist die Schlinge. Sie besteht aus einer sich zuziehenden Schlaufe am Ende einer reißfesten Leine oder dicken Schnur, deren anderes Ende an einem Baum oder Pflock verankert ist. Das Material des Seils sollte möglichst fest sein, so dass die

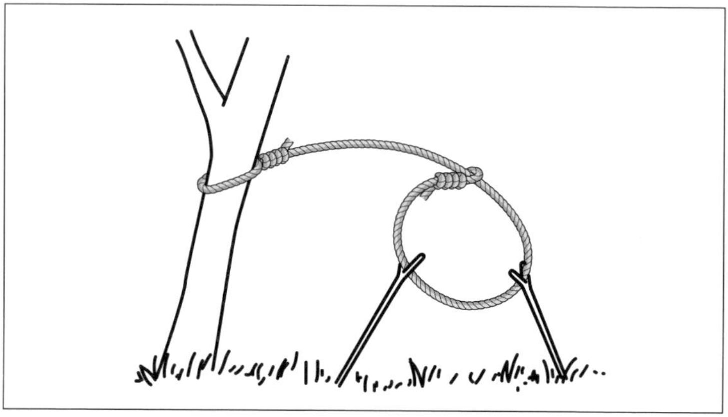

*Abb. 72*

*Eine einfache Schlinge besteht aus einer Draht- oder Seil-Schlaufe. Diese zieht sich fest, sobald ein Tier seinen Kopf hindurch steckt. Das gefangene Tier wird nun festgehalten und stranguliert sich meist bei dem Versuch, wieder frei zu kommen.*

Schlinge nicht in sich zusammenfällt, sondern offen bleibt. Erfahrene Fallensteller benutzen deswegen lieber Draht (**Abb. 72**).

Damit das Tier den Kopf durch die Schlinge stecken kann, muss die Größe des Tieres (zum Beispiel ein Kaninchen) berücksichtigt werden und die Schlaufe in der entsprechenden Höhe über dem Boden positioniert sein. Stellen Sie sicher, dass nur der Kopf durchpasst, der Körper jedoch nicht. Falls nötig können Sie Zweige benutzen, um die Schlinge offen zu halten. Achten Sie aber darauf, dass die Funktion der Falle dadurch nicht behindert wird!

Platzieren Sie die Schlinge in der Mitte eines offensichtlichen Wildwechsels. Dieser ist erkennbar durch abgeflachtes Gras oder

Tierkot. Stellen Sie abschließend sicher, dass Sie Schlinge und Seil effektiv tarnen – wieder so, dass die Funktion nicht gestört wird.

### Federschlinge

Bei der Federschlinge, auch Federfalle genannt, handelt es sich um ein komplexeres Tierfallen-System, das durch die natürliche Spannung in einem umgebogenen Bäumchen oder Zweig erzeugt wird (**Abb. 73**). Die Idee dabei ist Folgende: Wenn das Tier durch die Schlinge läuft, löst es eine Arretierung und wird durch das unter Spannung gehaltene Bäumchen in die Luft gezogen. Die Schlinge um das Tier zieht sich zu und es wird stranguliert. Sie brauchen es nur noch abzuholen.

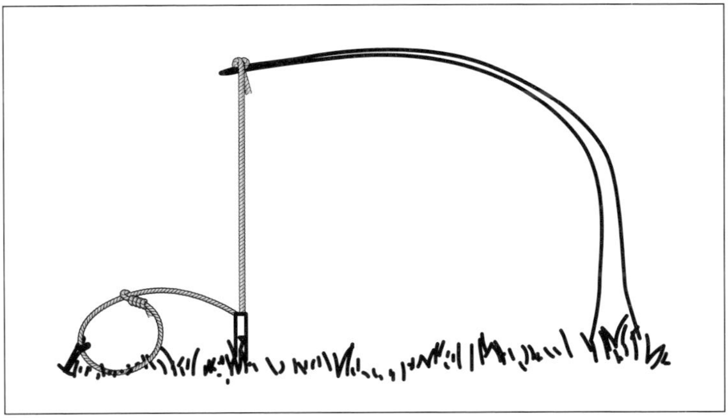

*Abb. 73*

*Bei der Federschlinge löst das Tier einen Mechanismus aus, der wiederum einen unter Spannung stehenden Setzling oder beschwerten Ast dazu benutzt, um eine Schlinge zu schließen und gleichzeitig in die Höhe zu ziehen.*

Befestigen Sie ein Seil gut gesichert an der Spitze eines biegsamen jungen Bäumchens oder Setzlings – zum Beispiel mit einem Zimmermannsknoten (siehe **Abb. 14**). Berücksichtigen Sie bei der Auswahl die Größe des Tieres, das Sie fangen wollen: Es sollte nach dem Auslösen der Falle in der Luft hängen bleiben und dort schnell verenden. Andernfalls besteht die Möglichkeit, dass das Tier sich mit der Schlinge um den Hals losreißt und an anderer Stelle qualvoll daran eingeht, ohne Ihnen von Nutzen zu sein.

Nehmen Sie nun die halbe Seillänge zwischen Baumspitze und Boden und befestigen Sie dort aus einem kurzen und entsprechend bearbeiteten Holzstück eine Art Knebel, der ganz knapp in eine nach oben gerichtete Kerbe in einem Pflock oder Baumstumpf in geeigneter Entfernung zum Bäumchen passt. Biegen Sie das Bäumchen mit der Spitze zu Boden und klemmen Sie den Knebel in die Kerbe, so dass er beim geringsten Zug am losen Ende des Seils herausrutscht.

Aus dem losen Seilende knüpfen Sie nun eine Schlinge mit einem Schlupfknoten an einem Ende. Spannen Sie diese mit Zweigen oder Ästchen auf. Alternativ können Sie für die Schlinge auch ein zweites kurzes Seil nehmen. Eventuell ist so der Bau der gesamten Apparatur einfacher.

Da es manchmal schwierig ist, ein geeignetes Bäumchen zu finden, stellt ein beschwerter Zweig eine gute Alternative dar. Dabei wird ein Stein oder ein anderer schwerer Gegenstand auf einen Ast gebunden und dieser mit einem Seil nach oben gezogen. In geeigneter Höhe läuft das lose Ende des Seils durch eine Astgabel auf die andere Seite des Baums und wird dort in gleicher Weise fixiert wie vorhin beschrieben. Achten Sie in diesem Fall besonders darauf, dass die Astgabel nicht zu V-förmig ist, da es sich unter Zug dort verklemmen kann. Eine Rundung ist hier geeigneter.

## Speerfalle

Dieser Fallentyp ist recht komplex, sowohl bei der Herstellung als auch im Aufbau. Man braucht ein nicht unbedeutendes Maß an Ehrgeiz, um damit Tiere zu erlegen. Die Basis bildet ein flexibler Ast, der unter hoher Zugspannung gehalten wird und an dessen einem Ende ein scharf zugespitzter Stock oder Speer befestigt ist (**Abb. 74**). Wenn die Spannung des Astes durch einen Mechanismus gelöst wird, schnellt die Spitze und damit der Speer in Sekundenbruchteilen auf das Lebewesen zu, das den Auslöser betätigt hat – und tötet es.

Vergewissern Sie sich, dass Sie diese Falle nur weitab von Pfaden errichten, auf denen Menschen unterwegs sind. Und achten Sie stets

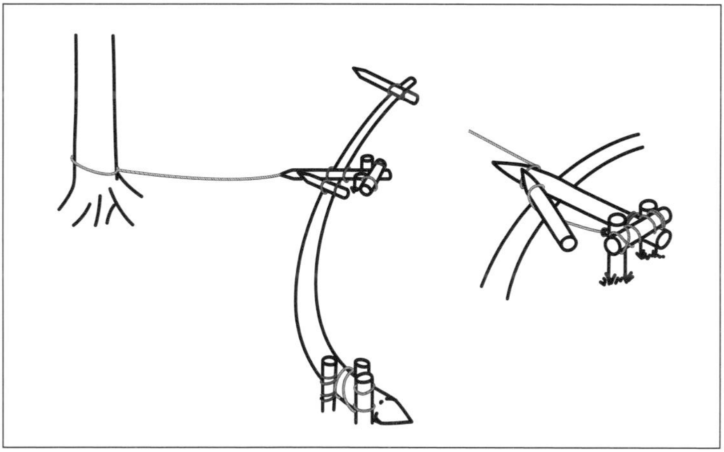

***Abb. 74***

*Eine Speerfalle besteht aus einem gebogenen Ast, der unter Spannung gehalten wird und mit speerartigen Holzstücken und einem Auslöser ausgestattet ist.*

genau darauf, sie nur von hinten und nicht von ihrer »Killing Zone« aus zu bauen oder zu kontrollieren ...

Verankern Sie das dicke Ende eines biegsamen Bäumchens oder Astes entweder an einem Baumstamm oder an einigen in den Boden geschlagenen Pfosten. Am anderen Ende des Bäumchens befestigen Sie mittels Kreuzbund (siehe **Abb. 55**) eines oder mehrere zugespitzte Holzstücke.

Etwa einen Meter von diesem »Speer« entfernt konstruieren Sie einen Haltemechanismus, der aus zwei in den Boden geschlagenen kurzen Pfosten sowie einem Querholz besteht. Auf diesem Querholz befestigen Sie einen Holzstab mit einem zum Ziel hin angespitzten Ende. Einer der Speere, die an dem gespannten Bäumchen befestigt sind, kann an seinem vorstehenden Ende über eine Schlaufe fixiert werden, die wiederum an einem Seil befestigt ist, das über die Tierbahn führt. Das andere Ende dieses Seils wird sicher an einem Baum oder Pfosten angebracht.

Wenn das Tier das Seil berührt oder wegdrückt, wird die Schlaufe vom Ende des Speers gezogen. Die Spannung auf dem Bäumchen entlädt sich schlagartig und lässt es auf das Ziel zuschnellen, wobei die Speere das Tier treffen und idealerweise sofort töten. Sie müssen sorgfältig die Spannung im Ast und die Festigkeit der Seilverbindungen ermitteln (experimental), da ansonsten der Druck des Astes allein schon die Falle zum Auslösen bringt.

## Vogelschlingen

Schlingen können auch verwendet werden, um Vögel zu fangen. Dazu müssen sie jedoch aus feinen, leichten Materialien bestehen (**Abb. 75**). Am besten eignen sich dafür Pferdehaar oder Angelschnur. Zudem muss die Schlinge sehr leicht laufen: Wenn der Vo-

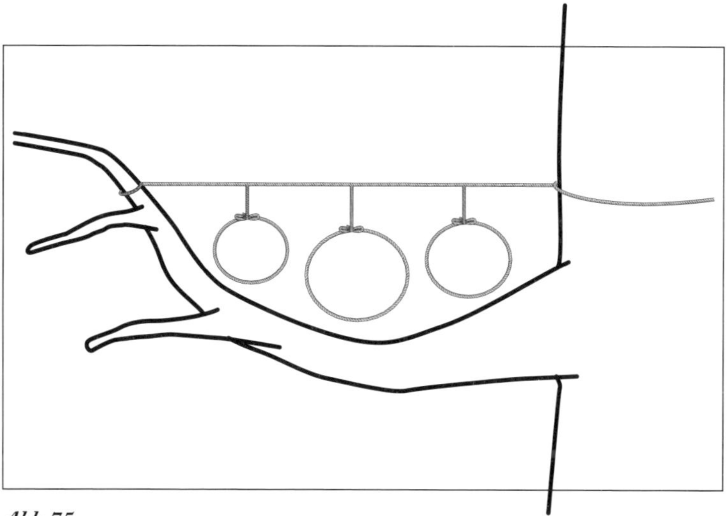

*Abb. 75*

*Vögel zu fangen ist generell schwierig, da sie von Natur aus sehr vorsichtig sind und sofort auf Störungen reagieren. Hier ein Beispiel für eine Schlingen-Leine.*

gel den Kopf hindurch steckt, muss sie sofort auslösen. Sie können eine ähnliche Vorrichtung bauen wie beim Fischen mit der Nachtleine, nur dass Sie anstelle der Haken Schlingen aufhängen.

## 4.3 Anglerknoten

### Blutknoten

Dieser Knoten (**Abb. 76**) ist ein häufig beim Angeln verwendeter Knoten. Er dient der Verbindung von Schnüren mit ähnlichem Durchmesser und wird gerne für dünne und glatte Leinen eingesetzt (zum Beispiel Nylon). Der Blutknoten ist ein schwieriger Knoten,

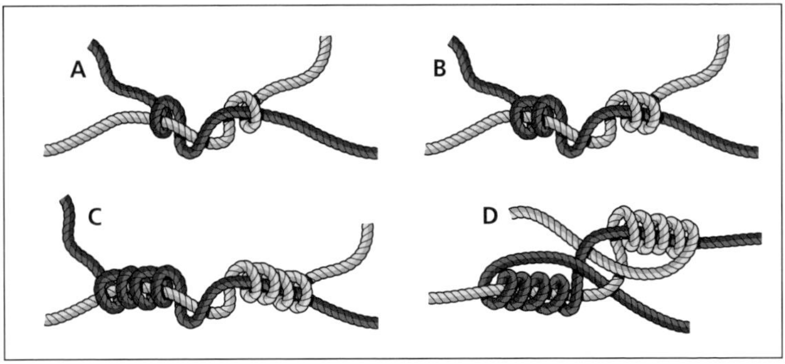


***Abb. 76***
*Der Blutknoten wird in der Regel für Nylonschnur verwendet und ist oft beim Fliegenfischen zu finden.*

der korrekt gebunden werden muss und sich leicht verklemmen kann. Dann ist er sehr schwer zu lösen

Legen Sie die beiden Schnüre in entgegengesetzten Richtungen nebeneinander. Nehmen Sie das Arbeitsende (lose Ende) der oberen Schnur und machen Sie damit nach links eine Wicklung um die untere Schnur. Dann verfahren Sie mit der unteren Schnur ebenso – nur nach rechts. Führen Sie bei beiden Schnüren am besten vier bis fünf Windungen (gleiche Anzahl!) durch, um sie sicher zu verbinden. Anschließend ziehen Sie die Arbeitsenden jeweils durch die Öffnung in der Mitte der beiden Wicklungen – und zwar so, dass beide Enden in die selbe Richtung laufen: von oben nach unten.

Wenn Sie das durchgeführt haben, ziehen Sie die losen Enden in entgegengesetzte Richtungen. Die Wicklungen legen sich an die gerade Schnur an und der Knoten wird fest. Hinweis: Bei glatten Schnüren sollte jede Seite mindestens fünf Windungen aufweisen.

## Linfit-Knoten

Dieser Knoten wurde von einem Angler entworfen und ist für das Knüpfen von Fischernetzen konzipiert (**Abb. 77**).

Beginnen Sie, indem Sie beide Seile überkreuzen und am Ende jeweils eine Bucht legen (**Abb. 77 A**). Queren Sie dann mit den Arbeitsenden die Seile erneut, wobei das von rechts kommende Seil ganz unten nach links durchgeführt wird und das von links

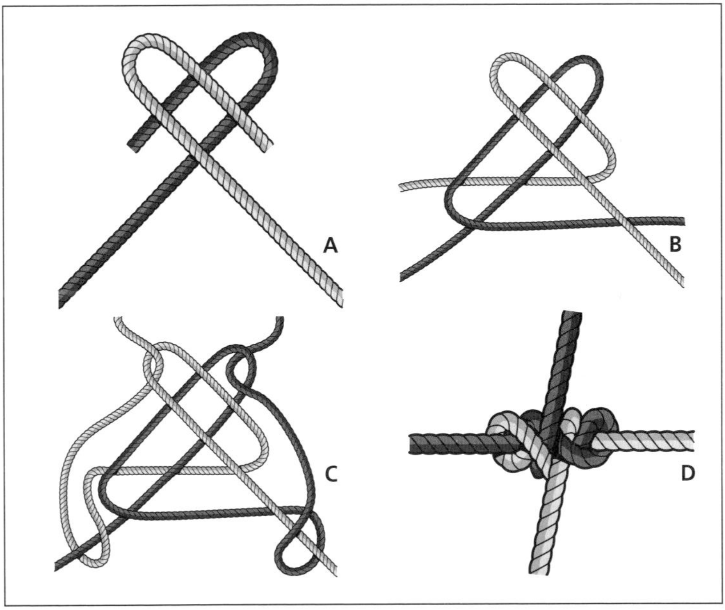


*Abb. 77*
*Der Linfit-Knoten ist ein symmetrischer Knoten, der hauptsächlich zum Knüpfen von Fischernetzen aus Leinen mit größerem Durchmesser verwendet wird.*

kommende Seil über sich selbst geht und dann unter dem rechten Seil nach rechts außen (**Abb. 77 B**). Als nächstes werden die beiden Arbeitsenden jeweils um die stehenden Enden gewunden: Das ursprünglich untere Seil geht über und dann unter dem rechten festen Ende nach rechts außen, das ursprünglich obere Seil geht über und dann unter dem linken festen Ende nach links außen (**Abb. 77 C**).

Abschließend ziehen Sie die losen Enden noch durch die anfangs gebildeten Buchten – das linke Seil von unten nach oben, das rechte Seil von oben nach unten. Durch das Ziehen an jedem Arbeitsende – stehend oder lose – sollten Sie in der Lage sein, den Knoten zu justieren, so dass er symmetrisch aussieht. Die vier Arbeitsenden zeigen jetzt in vier verschiedenen Richtungen (**Abb. 77 D**), und der Knoten lässt sich nicht verschieben.

## Albright-Knoten

Dieser Knoten wird oft von Anglern verwendet, um Leinen mit verschiedenen Durchmessern oder unterschiedlicher Machart – monofil oder geflochten – zu verbinden (**Abb. 78**). Da der Knoten auf der ursprünglichen Angelschnur klein bleibt, kann er Ringe und andere Geräte ohne Verklemmen passieren. Der Knoten sollte sorgfältig gebunden werden, um sein Volumen zu minimieren. Seinen Namen bekam er von dem amerikanischen Hochsee-Angler Jimmie Albright.

Legen Sie zuerst eine Bucht mit der dickeren Angelschnur (links in **Abb. 78 A**). Führen Sie nun das lose Ende der dünneren Schnur von rechts nach unten in das Auge ein, gehen dann nach außen und über die Bucht hinweg und von dort unter der Bucht hindurch nach hinten (**Abb. 78 A**).

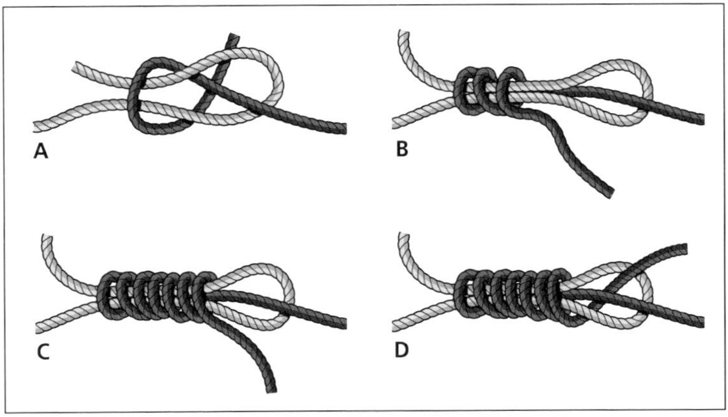


*Abb. 78*

*Der Albright ist ein nützlicher Knoten für Angler, die zwei Schnüre in sehr kompakter Weise verbinden wollen. Dies lässt sich durch sorgfältiges Wickeln erreichen, so dass sie ordentlich nebeneinander liegen.*

Nehmen Sie nun das nach hinten gezogene lose Ende der rechten, dünneren Schnur und wickeln Sie es mehrfach um die Bucht herum (**Abb. 78 B**). Wiederholen Sie diesen Vorgang mit so vielen Wicklungen, wie Sie für notwendig halten, um den Knoten zu sichern (**Abb. 78 C**). Zum Abschluss führen Sie das Arbeitsende der dünnen Angelschnur noch durch das Auge hindurch und ziehen den Knoten fest (**Abb. 78 D**).

## Grundleinenknoten

Dieser Knoten ist zum Befestigen einer dünnen Schnur an einer dickeren Schnur gedacht (**Abb. 79**). Er soll sicherer sein als der Webeleinenstek und weniger anfällig für Verwicklungen. Der Name

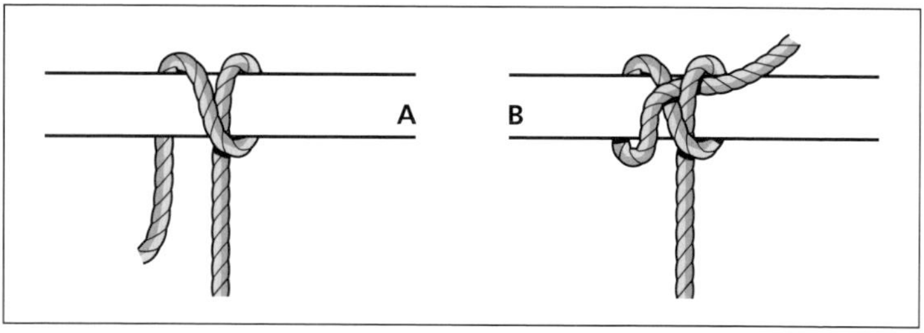


*Abb. 79*

*Der Grundleinenknoten hat seinen Namen von der mit Gewichten beschwerten Grundleine eines Fischernetzes, an der die Maschen befestigt sind.*

bezieht sich auf das mit Gewichten beschwerte Seil am unteren Ende eines Fischernetzes, das über den Boden – eben den Grund – gezogen wird.

Nehmen Sie das Arbeitsende einer dünnen Leine und wickeln Sie es über und um die Rückseite eines dickeren Seils herum. Anschließend legen Sie die Leine links von ihrem eigenen stehenden Ende erneut über und um die Rückseite des dickeren Seils (**Abb. 79 A**). Im letzten Schritt führen Sie das Arbeitsende diagonal über die Vorderseite der zweiten Windung und fädeln es unter der ersten Wicklung hindurch zur Seite (**Abb. 79 B**).

Die besonders hohe Sicherheit des Knotens entsteht dadurch, dass die dünnere Leine nicht weniger als dreimal über- und untereinander gelegt ist und sich somit ebenso oft festklemmen kann.

## Halber Blutknoten

Der halbe Blutknoten wird normalerweise für die Befestigung eines Angelhakens an einer Schnur verwendet, aber auch zu anderen

Zwecken wie dem Anbinden von Ködern. Er ist dem normalen Blutknoten recht ähnlich, besteht aber im Grunde nur aus einer Hälfte dieses Knotens (**Abb. 80**).

Führen Sie das Arbeitsende der Leine oder Angelschnur durch die Öse des Hakens oder eines anderen Befestigungspunkts (**Abb. 80 A**). Wickeln Sie das Arbeitsende um das stehende Ende herum, so dass mindestens fünf oder sechs Wicklungen entstehen (**Abb. 80 B+C**). Diese soll sicherstellen, dass die Spannung an beiden Teilen der Schnur gehalten wird. Zum Schluss führen Sie das Arbeitsende zurück zur Öse und ziehen es dort hindurch (**Abb. 80 D**). Durch den Zug zwischen dem festen Ende der Schnur und dem befestigten Gegenstand verklemmt sich die Schnur unter den Wicklungen – der Knoten ist fest.

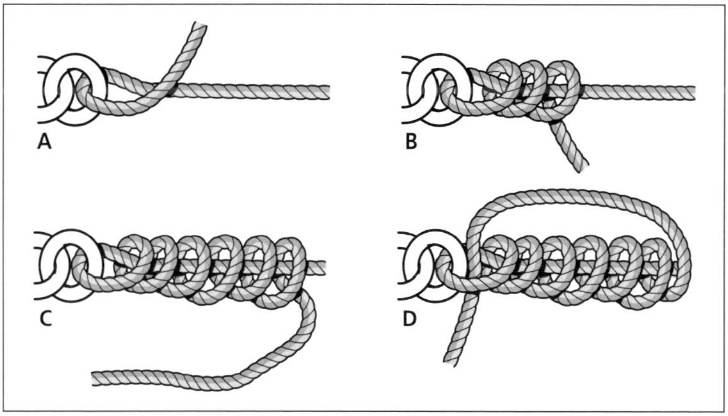


*Abb. 80*

*Der halbe Blutknoten kann verwendet werden, um eine Angelschnur an einem Objekt wie einem Köder oder einem Haken festzubinden. Es ist relativ einfach zu binden und sehr sicher.*

## Palomar-Knoten

Auch dieser Knoten wird oft von Anglern benutzt. Er wird eingesetzt, wenn der damit befestigte Haken, Köder oder andere Gegenstand besonders starken Belastungen standhalten muss (**Abb. 81**). Er befindet sich oft auch in der Mitte eines Seils.

Legen Sie aus einem Seil eine Bucht und führen Sie diese doppelt gelegt durch die Öse eines Hakens oder Rings (**Abb. 81 A**). Machen Sie mit der Bucht einen Überhandknoten (**Abb. 81 B**) und ziehen Sie die Schlaufe anschließend über den Haken/Ring (**Abb. 81 C+D**). Beenden Sie den Knoten, indem Sie ihn zuziehen und dabei die einzelnen Seilstränge justieren (**Abb. 81 E+F**).

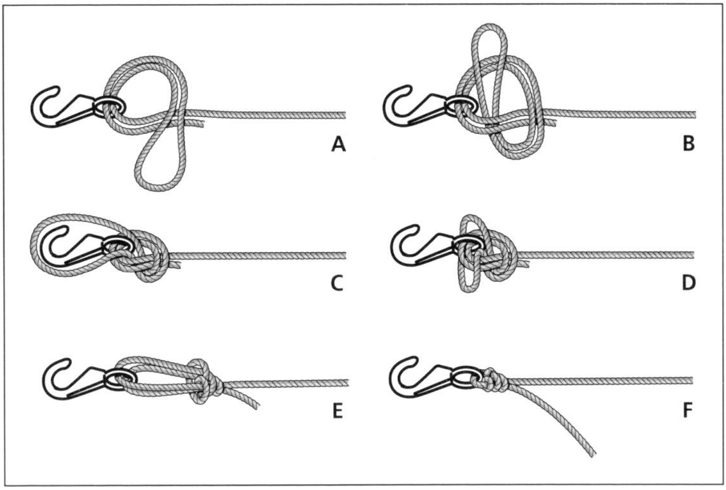


*Abb. 81*
*Der Palomar-Knoten ist einer der stärksten Knoten, um eine Angelschnur an einen Köder oder einen Haken zu binden.*

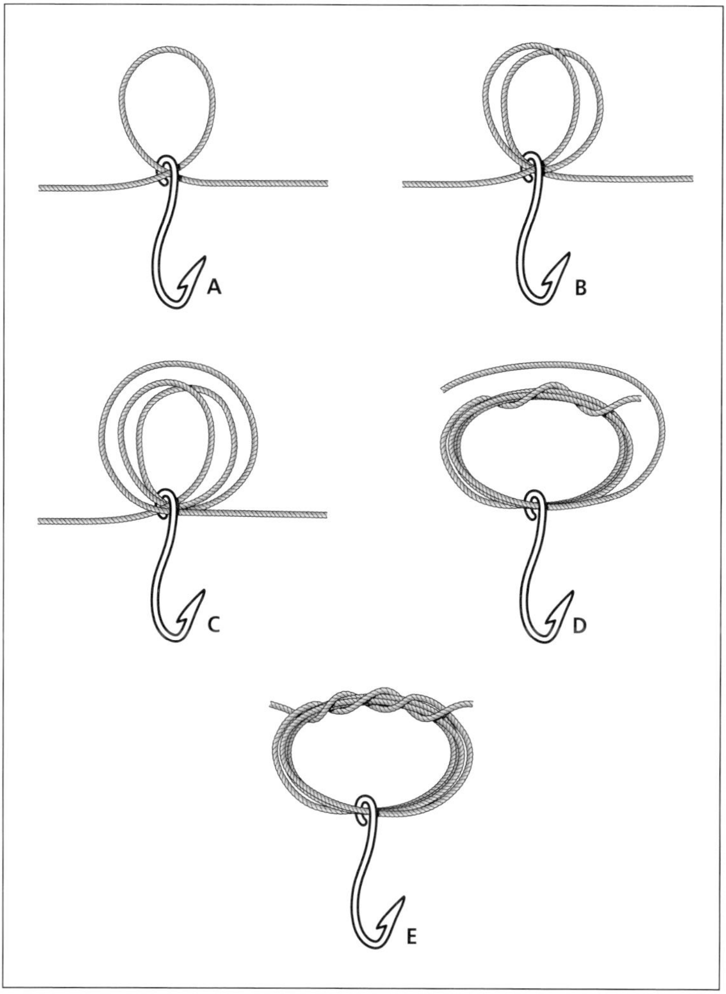


*Abb. 82*

*Der Jansik-Knoten ist eine hochfeste Verbindung für glatte Nylon-Angelschnüre, um den Haken daran zu befestigen.*

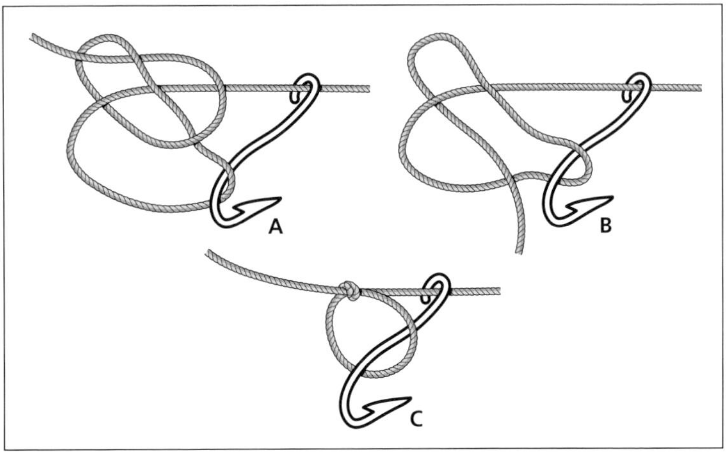


*Abb. 83*

*Der Turle-Knoten gilt als eine sehr zuverlässige Art, eine Angelschnur an einen Haken zu befestigen.*

## Jansik-Knoten

Der Jansik-Knoten ist ein Anglerknoten zur sicheren Befestigung einer Angelschnur am Haken oder Wirbel. Er zählt zu den Verbindungen mit höchstem Sicherheitsniveau (**Abb. 82**).

Fädeln Sie die Angelschnur drei- bis viermal durch das Hakenöhr, so dass ebensoviele Schnurösen entstehen (**Abb. 82 A–C**). Das lose Ende wird anschließend mehrfach um den entstandenen Strang der doppelten Augen gewickelt (**Abb. 82 D**). Sie können auch beide Enden der Angelschnur um die Ösen wickeln, sofern sie noch lose sind (**Abb. 82 E**). Befeuchten Sie die Schnur und ziehen Sie sie ordentlich fest. Schneiden Sie zum Schluss das überschüssige lose Ende der Angelschnur ab – fertig ist der Jansik-Knoten.

## Turle-Knoten

Dieser Knoten ist nach dem englischen Major William Greer Turle benannt, der in der zweiten Hälfte des 19. Jahrhunderts mit Gleichgesinnten in den klaren Bächen und Flüssen von Hampshire im Süden Englands hauptsächlich auf Forellen angelte. Der Offizier machte den Knoten (**Abb. 83**) populär, behauptete aber nicht, ihn erfunden zu haben.

Führen Sie das lose Ende der Angelschnur durch die Hakenöse. Anschließend wickeln Sie die Schnur einmal um den Schaft des Hakens herum (**Abb. 83**) und fixieren diese Schlaufe mit einem einfachen Überhandknoten. Letzterer sollte möglichst nahe an der Hakenöse liegen, weshalb Sie ihn vorsichtig auf der Schnur in Richtung Haken verschieben und dann erst festziehen.

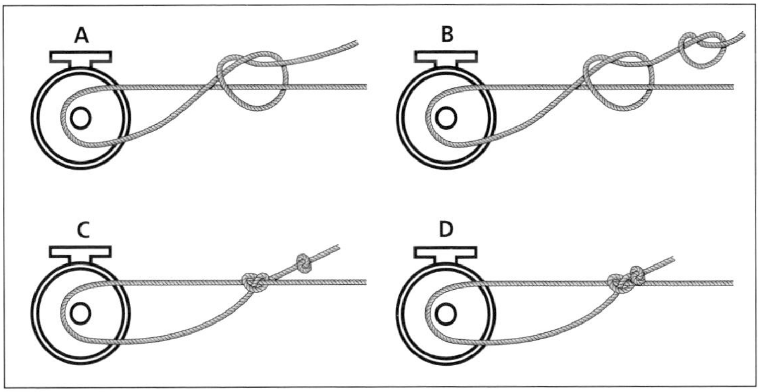


*Abb. 84*

*Der Arbor-Knoten ist ein einfacher, aber sehr effektiver Knoten zum Binden einer Angelschnur an eine Spule. Die beiden Überhandknoten verhindern, dass die Leine rutscht.*

### Arbor-Knoten

Der Arborknoten ist ein Anglerknoten, der zum Befestigen der Angelschnur auf der Angelrolle dient (**Abb. 84**). Mit nur zwei Überhandknoten ist er der einfachste aller Spulenknoten. Er ist so konzipiert, dass die Schnur nicht auf der Spule rutscht.

Legen Sie zuerst das lose Ende der Angelschnur um die Spule. Binden Sie dann den ersten Überhandknoten um die Schnur (**Abb. 84 A**). Achten Sie darauf, dass das feste und das lose Ende nebeneinander/parallel liegen. In dieser Form ähnelt der Knoten dem Überhandknoten auf Slip. Zur Sicherung sowie als Stopper binden Sie abschließend möglichst nah am ersten Überhandknoten einen weiteren solchen Knoten (**Abb. 84 B+C**), den Sie dann durch Zug am festen Ende der Schnur bis zum ersten Überhandknoten ziehen (**Abb. 84 D**). Die Angelschnur ist nun sicher um die Spule gelegt.

### Haken-Knoten

Dieser Knoten ist auch als Spaten-Ende-Knoten bekannt (**Abb. 85**). Der Name bezieht sich auf den Schaftabschluss eines Angelhakens ohne Öse, das als abgewinkeltes Plättchen in Form eines Spatens ausgeführt ist und dazu dient, die Angelschnur am Herunterrutschen zu hindern. Generell sind das Spatenende des Hakens und der dazugehörige Knoten deutlich schmaler als der Haken mit Öse. Der Haken-Knoten kann ebenfalls zum Verbinden einer dünnen Schnur mit einer dickeren verwendet werden.

Formen Sie mit der Angelschnur zuerst eine längliche Bucht und legen Sie diese auf den Haken (**Abb. 85 A**). Nehmen Sie dann das lose Ende der Schnur und wickeln Sie es – von der Rundung ausgehend – um Bucht und Hakenschaft (**Abb. 85 B**), bis Sie am

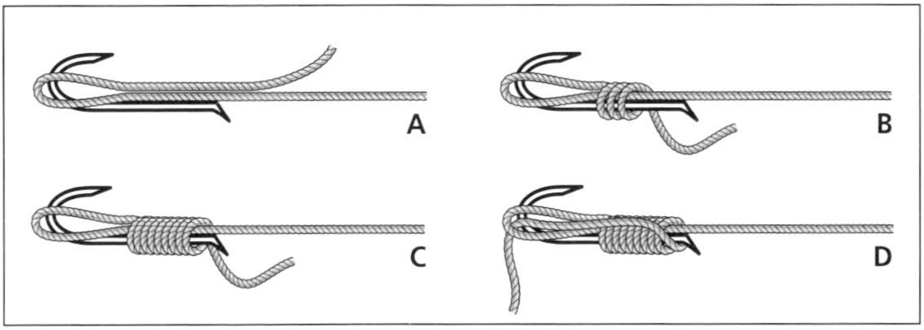


*Abb. 85*

*Der Haken-Knoten ist ein zuverlässiger Knoten zur Befestigung einer Angelschnur an einem ösenlosen Haken, dessen Schaftende aus einem spatenförmigen Plättchen besteht.*

Plättchen (Spaten) angekommen sind (**Abb. 85 C**). Legen Sie das lose Ende über die Wicklungen und fädeln sie es durch die Bucht (**Abb. 85 D**). Abschließend können Sie den Knoten vorsichtig festziehen. Er muss straff auf dem Schaft sitzen, damit er nicht über das Spatenende wegrutschen kann. Zum Schluss noch das lose Ende kürzen.

## Klammerknoten (Clinchknoten)

Dieser Knoten wird ebenfalls gern zum Anbringen einer Angelschnur an einen Haken oder zur Befestigung eines Köders verwendet (**Abb. 86**). Wirbel und Hauptschnur oder Öhrhaken und Vorfach lassen sich gut mit ihm verbinden. Bei Schnüren dicker als 0,4 Millimeter sollte man diesen Knoten nicht mehr verwenden, da er sich dann nicht mehr richtig festziehen lässt. Auch bei Schnüren mit einer versiegelten oder glatten Oberfläche sollte der Knoten nicht eingesetzt werden, da er hier unter hoher Belastung aufgehen kann.

Ziehen Sie zuerst das lose Ende durch das Öhr des Hakens oder der Köderbefestigung (**Abb. 86 A**) und wickeln Sie es anschließend fünf- bis sechsmal um das stehende Ende (**Abb. 86 B**). Halten Sie die Umwicklungen möglichst nahe am Ende des Hakens/der Öse. Nun führen Sie das lose Ende durch die erste Schlaufe der Angelschnur nach der Öse (**Abb. 86 C**) und ziehen Sie es abschließend noch durch die große Schlaufe.

### Doppelte Überhand-Rutschschlaufe

Auch dieser Knoten (**Abb. 87**) wird oft von Anglern verwendet, um eine Schnur an einen Haken oder ein anderes Objekt zu binden.

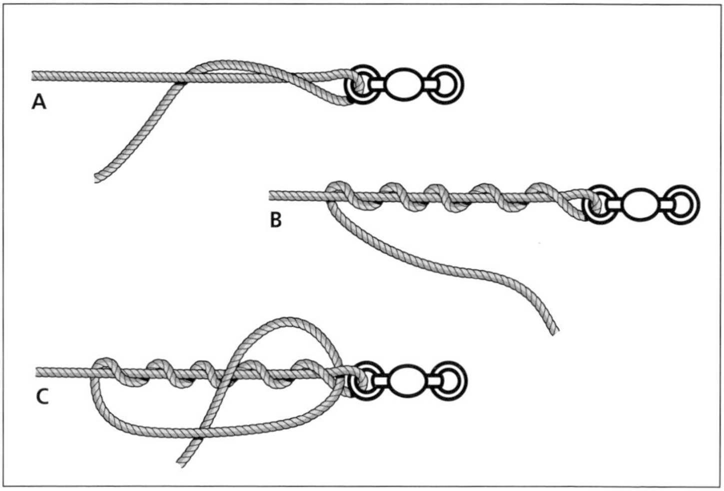


*Abb. 86*

*Der Klammerknoten ist ein weiterer, sehr zuverlässiger Knoten für die Befestigung einer Angelschnur an einem Köder oder Haken.*

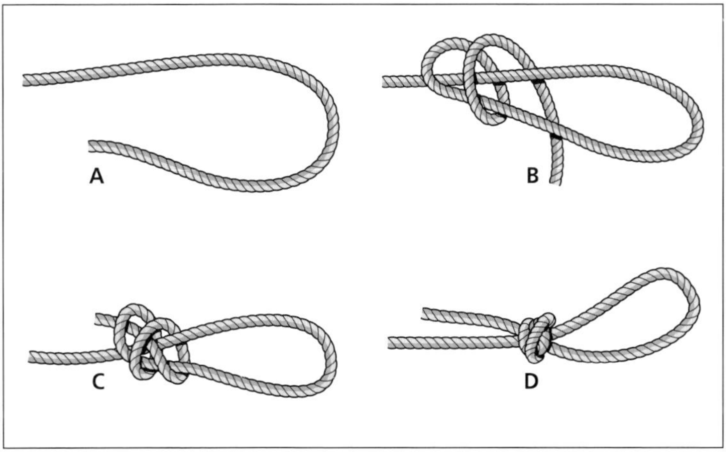


*Abb. 87*
*Die doppelte Überhand-Rutschschlaufe ist eine weitere von einer Vielzahl von Möglichkeiten, eine Angelschnur an einen Haken, einen Köder oder ein anderes Objekt zu binden.*

Er wurde bereits in Kapitel 1 »Grundlagen« erwähnt (siehe **Abb. 8**). Wie der Name bereits andeutet, ist die Rutschschlaufe verschiebbar um das feste Ende herum gebunden. Durch Zug auf die Schlaufe zieht sich der Knoten zu, ohne jedoch aufzugehen.

Nehmen Sie das Arbeitsende der Schnur und formen Sie eine Bucht (**Abb. 87 A**). Wickeln Sie das lose Ende zweimal um die Basis der Bucht (**Abb. 87 B**) und führen Sie es dann mitten durch die somit gebildeten Schlaufen in Richtung des festen Endes (**Abb. 87 C**). Auf diese Weise haben Sie eine verschiebbare Schlinge produziert (**Abb. 87 D**), die allerdings als Bindung einen besseren Knoten hat als den einfachen Überhandknoten, der sich aufziehen kann.

***Abb. 88***
*Die Engländerschlaufe wurde früher oft von Anglern benutzt. Heute hat dieser Knoten viel von seinen Vorzügen verloren, da er bei Nylonseil nicht besonders sicher ist und zum Lösen neigt.*

## Angler- oder Engländerschlaufe

Die von diesem Knoten gebildete Schlaufe (**Abb. 88**) ist für eine ganze Reihe von Zwecken nützlich und wurde früher häufig auch von Anglern verwendet. Sie zieht sich unter Last sehr fest zu und ist nur schwer wieder zu lösen. Für die heute meistens eingesetzten Nylonschnüre eignet sich der Knoten jedoch nicht.

Es gibt zwei Methoden, den Knoten zu binden: Binden Sie einen Überhandknoten in die Schnur und legen Sie ihn auf Slip, indem Sie das lose Ende nach dem Legen einer Bucht wieder hinausführen. Führen Sie nun das lose Ende um das stehende Ende herum, stecken es durch den Überhandknoten quer hindurch und ziehen es fest.

Bei der zweiten Methode halten Sie das lose Ende mit dem Daumen fest und wickeln das feste Ende drei Mal um die Hand. Die von Ihnen aus gesehen rechte Schlaufe wird unter den beiden anderen durchgezogen. Die nun rechts liegende Schlaufe wird über der mittleren und unter der linken durchgezogen. Durch Zug an der linken Schlaufe und dem festen Ende bildet sich die Engländerschlaufe.

## Tropfenschlaufe

Die sogenannte Tropfenschlaufe (**Abb. 89**) dient dazu, in der Mitte eines Seils eine Öse zu binden. Angler nutzen sie häufig, um zusätzliche Angelhaken an ihrer Schnur anzubringen.

Legen Sie zu Beginn eine Bucht in die Schnur und überkreuzen Sie die Schnur an einer Seite ein weiteres Mal (**Abb. 89 A**). Führen Sie nun die Bucht durch die neu entstandene Schlaufe (**Abb. 89 B**) und umwickeln Sie die Schnur mehrmals mit der Bucht (**Abb. 89 C**).

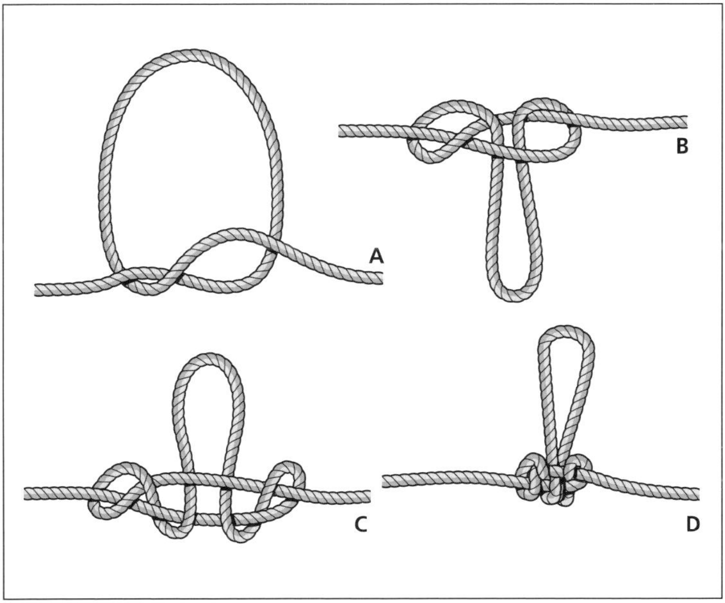


***Abb. 89***

*Die Tropfenschlaufe wird oft beim Angeln verwendet, um einen Köder oder ein anderes Objekt in der Mitte der Schnur zu befestigen.*

Abschließend halten Sie die Spitze der Bucht fest (eventuell mit den Zähnen) und ziehen an den beiden Enden der Schnur in entgegengesetzter Richtung. Die Wicklungen (Spulen) ziehen sich dadurch fest und lassen die Schlaufe offen (**Abb. 89 D**).

### Bimini-Twist-Knoten

Der Bimini-Twist-Knoten (**Abb. 90**) ist ein sehr starker Anglerknoten, dessen Tragkraft mit 100 Prozent angegeben wird. Er ist daher auch für kapitale Fische geeignet.

Die Angelschnur wird (evtl. zweimal) durch die Hakenöse geführt (**Abb. 90 A**), die beiden Enden parallel gelegt und festgehalten. Danach wird der Haken – am besten von einem Helfer – bis zu 20 Mal verdreht (**Abb. 90 B**). Diese Zahl ist jedoch stark abhängig von der Schnurdicke – je stärker die Schnur ist, desto mehr Rückwicklungen sind anschließend zum Fertigstellen des Knotens erforderlich. Von der letzten Wicklung aus wird das Arbeitsende jetzt bis zum Anfang zurückgewickelt – über die zuerst erzeugten Wicklungen hinweg (**Abb. 90 C**). Führen Sie dann das lose Ende in die Hakenschlaufe und machen Sie dort an beiden Seiten jeweils einen halben Schlag (**Abb. 90 D**). Anschließend legen Sie um die Hakenschlaufe zwei bis drei Wicklungen hin und wieder zurück – ein Zweischlingen-Knoten – (**Abb. 90 E**), bevor Sie das lose Ende zum Abschluss direkt an einem der beiden halben Schläge durchführen und das Ganze festziehen (**Abb. 90 F**). Die überstehende Schnur wird zum Schluss abgeschnitten.

Bei sehr dünnen Angelschnüren empfiehlt es sich, am Haken einen Nagel oder ein Streichholz vor die erste Wicklung zu stecken, damit sich die Endknoten am Haken nach den Rückwicklungen noch durchziehen lassen.

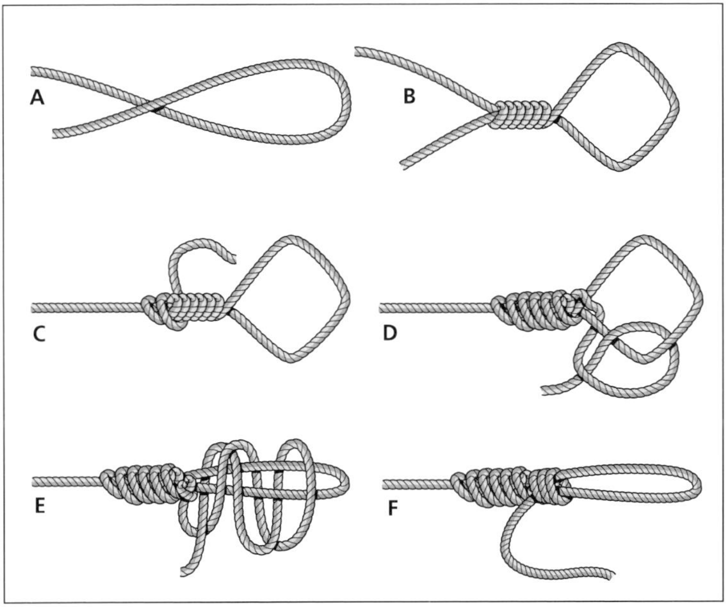


*Ab. 90*

*Der Bimini-Twist-Knoten ist der vielleicht stärkste aller Anglerknoten. Er wird daher in der Sportfischerei dort verwendet, wo maximale Belastungen auftreten – wie zum Beispiel bei sehr großen Fischen oder in der Hochseefischerei.*

## 4.4 Andere nützliche Knoten

### Flaschenzug

Der »Versatackle« ist ein äußerst nützlicher Knoten (**Abb. 91**), um sich das Prinzip des Flaschenzugs zu Nutze zu machen. Auf diese Weise kann man ein einfaches Seil ohne Blöcke zum Abschleppen

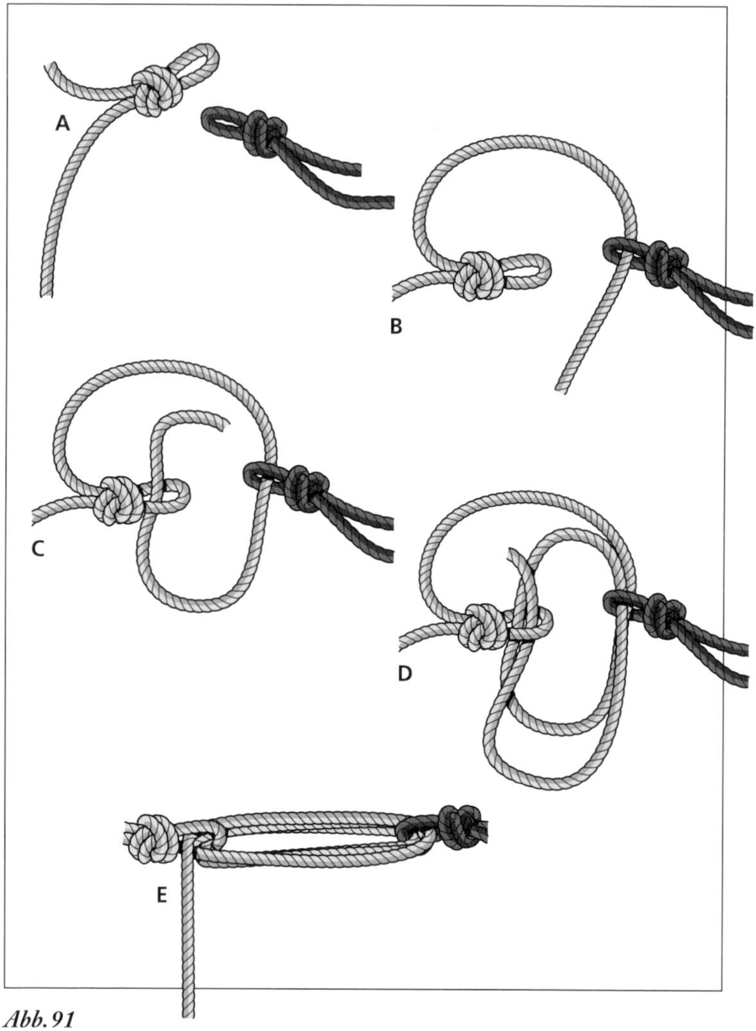


*Abb. 91*

*Der »Versatackle« ist eine äußerst nützliche Seilverbindung, die wie ein Flaschenzug eingesetzt werden kann.*

oder Ziehen eines Fahrzeugs (oder einer ähnlichen Last) verwenden. Wenn der Knoten unter Belastung steht, muss man vor allem darauf achten, nicht zu viel Reibung zu erzeugen.

Ein »Versatackle« ist eine selbstverriegelnde Spannstruktur, die mit einem Seil ausgeführt wird. Er besteht aus zwei Schleifen mit dem Seil, das zwischen ihnen hin und her geführt wird. Es ist funktional ähnlich wie der Fuhrmannsknoten, aber im Gegensatz dazu ist der »Versatackle« unter Spannung selbstsichernd. Der Druck, die Reibung und die Hitze, die durch das Seil, das durch die Schlaufen verläuft, erzeugt werden können, beschleunigen allerdings den Verschleiß an den Schlaufen.

Primär benötigen Sie zwei Seile. Knüpfen Sie am Ende eines der Seile eine feste, sich nicht zuziehende Schlaufe, etwa durch einen Palstek oder einen Achterknoten mit Schlaufe. Etwa in der Mitte des zweiten Seils knüpfen Sie dann ebenfalls eine solche Schlaufe (**Abb. 91 A**). Führen Sie nun das Arbeitsende dieses zweiten Seils durch den Schlaufenknoten des ersten Seils (**Abb. 91 B**) und zurück durch die Schlaufe des zweiten Seils (**Abb. 91 C**).

Wiederholen Sie diesen Vorgang, bis Sie drei komplette Durchgänge und damit drei Seile in jeder Schlaufe haben (**Abb. 91 D**). Abschließend ziehen Sie das Arbeitsende langsam stramm, bis keines der Seile in den Schlaufen mehr durchhängt (**Abb. 91 E**).

### Achtkardeeliger Zopf (Acht-Strang-Zopf)

Ein dünnes Seil lässt sich verstärken und damit sicherer machen, indem man es mit sich selbst verflechtet. Dazu benötigt man mindestens drei gleichstarke Stränge – auch als Kardeel bezeichnet. Im vorliegenden Beispiel habe wir ein Seil durch Zusammenlegen in acht Stränge unterteilt und am oberen Ende durch Umwickeln

*Abb. 92*

*Das Flechten eines Seils zu einem Zopf – in diesem Fall beispielsweise aus acht Strängen – ist eine traditionelle Methode, um es stärker zu machen. Gleichzeitig lässt es sich dadurch auch einfacher aufwickeln, ohne zu verwirren.*

mit einer Schnur samt entsprechendem Knoten fixiert. Die unten hängenden Buchten des zusammengelegten Seils werden aufgeschnitten, damit man die Stränge verflechten kann. Die neuen Enden sollte man anschmelzen oder spleißen, damit sie nicht aufdröseln.

Auf einfache Weise verflochtene Kardeele nennt man Zopf. Werden einzelne Kardeele mit größerem Aufwand miteinander verflochten, nennt man diese Platting.

## Chirurgenknoten

Dieser Knoten (**Abb. 93**) wird so genannt, weil er traditionell von Ärzten nach der Vereinigung von menschlichem Gewebe mittels Nadel und Faden eingesetzt wurde, um die Fäden zu verknoten. Er ist ein zierlicher Knoten und auch zur Verbindung von glatten Schnüren geeignet, weswegen er auch für andere Zwecke verwendet wird, wie etwa beim Angeln oder im Outdoor-Bereich. Die Ähnlichkeit mit dem zweifachen Überhandknoten ist offensichtlich.

***Abb. 93***
*Der Chirurgenknoten wird von Ärzten verwendet, um nach dem Nähen einer medizinischen Naht die Fäden zu verknoten. Er wird aber auch beim Fliegenfischen sowie anderen Outdoor-Aktivitäten eingesetzt.*

Beginnen Sie mit einem einfachen Überhandknoten und fügen Sie eine weitere Umwicklung hinzu. Beenden Sie den Chirurgenknoten, indem Sie wie beim doppelten Überhandknoten eine entgegengesetzte Wicklung auf die zweifache erste Umwicklung setzen. Ziehen Sie den Knoten vorsichtig zu – er benötigt etwas Spielraum beziehungsweise längere lose Enden, um sich festziehen zu können.

## Trompetenknoten (Trompetenstich)

Der Trompetenknoten oder Trompetenstich (**Abb. 94**) ist ein Verkürzungsknoten, der in eine Leine gelegt werden kann, ohne die Enden zu benutzen. Dies macht ihn ideal zur nachträglichen Längenverminderung von bereits festgemachten Seilen.

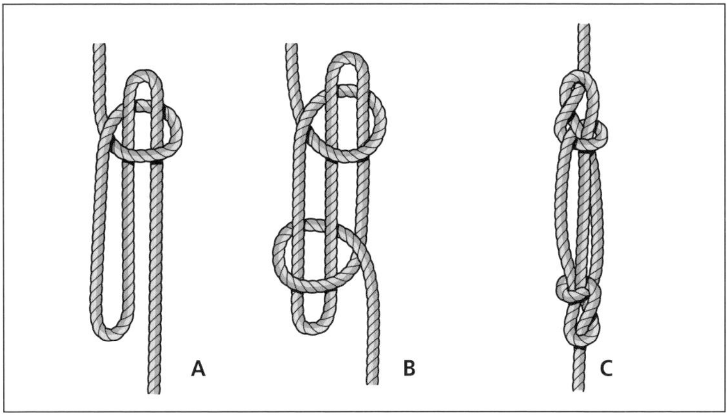


*Abb. 94*

*Der Trompetenknoten ist eine nützliche Methode, um ein Stück Seil zu verkürzen. Allerdings müssen dazu einige Vorgaben beachtet werden.*

Legen Sie die Leine zuerst in eine langgestreckte S-Form und umschlingen Sie mit dem oberen losen Ende als Schlaufe die rechte Bucht (**Abb. 94 A**). Dann machen Sie das gleiche mit dem unteren losen Ende an der linken Bucht (**Abb. 94 B**). Sobald Sie beide Schlaufen festgezogen haben, werden die beiden langgestreckten Buchten von den zwei kleinen Schlaufen fixiert (**Abb. 94 C**). Der letzte Schritt ist, die beiden losen Enden an die stehenden Teile zu binden, damit der Trompetenknoten nicht auseinanderfällt.

Eine zweite Knüpfart besteht darin, dass man drei Augen parallel nebeneinander legt und sie dabei an den Rändern überlappen lässt. Dann zieht man das mittlere Auge an jeder Seite durch das anliegende Auge. Es entsteht ein Knoten, der entfernt einer Trompete ähnelt.

Es gibt allerdings zwei Probleme mit dem Trompetenstich, wegen denen man ihn nur mit Vorsicht anwenden sollte:

1. Unter zu hoher Belastung rutschen die beiden Umschlingungen aufeinander zu und heben dadurch den Effekt der Seilverkürzung auf – das Seil ist wieder so lang wie vorher, abzüglich des für die Umschlingungen verwendeten Abschnitts.
2. Unter zu wenig Last lösen sich die Augen um die Buchten, und der Knoten geht komplett auf. Hier hat das Seil anschließend wieder seine ursprüngliche Länge.

# 5
# Seile und Knoten auf See

Seile und Leinen wurden auf See verwendet, seit der Mensch den Wind als Antriebsquelle für seine Wasserfahrzeuge nutzt. Die alten Ägypter bewegten ihre Schiffe hauptsächlich mit Ruderkraft den Nil stromauf und stromab, sie nahmen dabei aber auch Segel zu Hilfe, wenn gerade geeignete Winde wehten. Dass die Ägypter auch hervorragende Seeleute waren, ist mittlerweile bekannt. Immerhin stießen sie auf ihren Erkundungs- und Handelsreisen bis weit ins Mittelmeer vor oder über das Rote Meer hinaus nach Osten und Süden.

Ab etwa 1000 vor Christus entwickelten die Griechen und Phönizier die ersten hochseetüchtigen Segelschiffe und begründeten damit ihre Eroberungs- und Siedlungspolitik im gesamten Mittelmeerraum und darüber hinaus. Ohne eine ausgereifte Seil- und Knotentechnik wäre das nie möglich gewesen.

Die Evolution der Segelformen hingegen war eng mit der Entwicklung der Schiffsrümpfe verknüpft. In frühen Zeiten, in denen der unter Wasser liegende Teil des Schiffsrumpfs noch flach war, wurden Schiffe durch seitlich wirkende Kräfte leicht abgetrieben.

Daher konnte der Wind nur genutzt werden, wenn er möglichst von achtern (hinten) auf das Schiff einfiel. Das quer zur Längsachse positionierte Rahsegel war dafür am besten geeignet. Mit der Erfindung von Kiel und Schwert, die ein seitliches Abtreiben des Schiffs wirksam verringerten, war es dann möglich, auch schräg einfallenden Wind zu nutzen und somit andere Segelformen zu entwickeln.

Im zweiten Jahrhundert vor unserer Zeitrechnung kamen in der griechisch-römischen Schifffahrt mit den so genannten Sprietsegeln die ersten Schratsegel auf – also Segel, die in Ruhestellung in Längsrichtung der Schiffsachse gesetzt werden. In der Spätantike (2. bis 4. Jahrhundert n. Chr.) folgte das Lateinersegel, das – zunächst auf kleineren römischen Wasserfahrzeugen eingesetzt – bis zum Übergang zum Mittelalter das Rahsegel fast vollständig verdrängte. Sprietsegel und Lateinersegel waren die ersten Segel, die nicht mehr quer, sondern in Richtung der Schiffslängsachse geführt wurden (Schratsegel). Damit war es erstmals möglich, schräg gegen den Wind zu segeln und Raum nach Luv zu gewinnen.

Aus dem Lateinersegel entwickelte sich über das Luggersegel im 17. Jahrhundert das Gaffelsegel. Aus diesem wiederum entstand im 19. Jahrhundert das bis heute übliche dreieckige Hochsegel, das günstige Am-Wind-Kurse ermöglicht.

Zu welcher Zeit in diesen gut 300 Jahren Seeschifffahrt welche Knoten entwickelt wurden, ist nicht bekannt. Wir können davon ausgehen, dass es auch auf See immer schon sinnvolle und weniger gebräuchliche Techniken gab, um Seile und Leinen miteinander zu verbinden, die das »Laufende Gut« eines Segelschiffs darstellen. Von dieser schier unübersichtlichen Zahl an Knoten sollen hier nur die wichtigsten Knüpfarten erwähnt werden – sofern das nicht bereits in den vorangegangenen Kapiteln geschehen ist.

## 5.1 Notmast und Notsegel

Beim Segeln kann es unter ungünstigsten Umständen zu einem Bruch des Masts kommen, weil die ihn haltenden Wanten und Stage versagt haben. In diesem Fall müssen Sie in der Lage sein, aus den verbliebenen Stücken der Takelage ein Notrigg zu bauen. Hilfreich ist dabei, wenn Sie entsprechendes Tauwerk als Reserve an Bord haben.

Wenn der untere Teil des Mastes noch fest verankert steht, lässt sich der abgebrochene obere Teil samt Spitze wieder am unteren Teil befestigen. Dazu wenden Sie am besten den Kreuz- oder Diagonalbund an. Die gerissenen Wanten und Stage müssen mit den geeigneten Knoten verbunden und angezogen werden, beziehungsweise die nicht gerissenen Teile des Riggs entsprechend verkürzt werden. Doch dazu später.

Die zweite Gelegenheit, ein Notrigg bauen zu müssen, ist eine Überlebenssituation, in der Sie sich ein Floß gebaut haben. Um damit schneller unterwegs zu sein als nur mit der Strömung, sollten Sie ein Rigg samt Notsegel errichten können. In diesem Fall schneiden Sie zunächst in der Mittellinie der Floßplattform etwa im vorderen Drittel eine Vertiefung. Sie sollte kegelförmig sein und etwa halb so tief wie das Deck stark. In diese Vertiefung wird der Mastfuß eingesetzt, damit er nicht horizontal verrutschen kann. Mit Seilen oder anderem Material wird der Mast nach vorn, nach hinten und nach den Seiten abgespannt, bis er solide steht und weder bei Druck noch bei Zug nachgibt – egal, in welche Richtung.

Mit einem Kreuz- oder Diagonalbund können Sie nun eine Querstange als Rah an Ihrem Mast befestigen, so dass sich daran ein Segel – hergestellt aus einer Folie, einem großen Stück Tuch oder einer geflochtenen Grasmatte – aufspannen lässt.

## 5.2 Wichtige Seemannsknoten

### Trompetenknoten

Den Trompetenknoten haben wir bereits auf Seite 158 (siehe **Abb. 94**) kennengelernt. Er wird manchmal zur vorübergehenden Verkürzung eines Seils verwendet.

### Marlspiekerschlag

Der Marlspieker oder Marlpfriem ist ein eiserner Dorn mit einem Knauf am dickeren Ende und ein traditionelles Werkzeug des Taklers (Bearbeiter von Tauwerk für maritimen Einsatz). Es gibt ihn in verschiedenen Größen. Die am meisten verwendete Länge liegt bei etwa 30 Zentimeter. Zusammen mit einem Messer als Kombinationswerkzeug spricht man von einem Bordmesser. Es gehört zur Grundausrüstung von Marinesoldaten der Bundeswehr.

Der Marlspiekerschlag (**Abb. 95**) ist ähnlich der Plankenschlaufe aus Kapitel 4.1 (siehe **Abb. 66**) und wird identisch ausgeführt. Mit ihm kann man einen Stab oder kurzen Ast an ein Seil anbinden und

*Abb. 95*

*Die Marlspiekerschlag ist eine Methode, um ein Seil an einem Stück Holz oder etwas Ähnlichem anzubringen, um es zu ziehen oder schleppen.*

somit daraus einen Handgriff machen. Befestigt man auf diese Weise mittels Webeleinenstek zwei Handgriffe an einer dicken oder rauen Trosse, lässt sich von Hand eine schwere Last ziehen.

Man sollte unbedingt auf die Knüpfrichtung des Marlspiekerschlags achten, da er ein ziehendes und ein loses Ende hat. Das ziehende Ende sollte in die entgegengesetzte Richtung zu einer Belastung orientiert sein, da sich der befestigte Gegenstand sonst sehr leicht aus seiner Position löst – die Schlaufe, die ihn hält, öffnet sich.

Befestigt man zwei Seile an einem Ast oder Haken und verwendet den Marlspiekerschlag in der korrekten Orientierung mit dem ziehenden Ende nach oben, lässt sich eine Strickleiter anfertigen. Da der Knoten allerdings nur Belastungen auf Zug standhält, können die Sprossen herausrutschen, wenn man die Strickleiter aufrollt.

## Jury-Knoten

Dieser Knoten ist speziell zur Errichtung eines Notriggs nach dem Verlust eines Masts konzipiert worden. Er besteht aus einer Hauptschlaufe, die über die Reste des Mastes gelegt wird, sowie einige Sekundärschleifen, die die Befestigungen zum Mast halten.

Um zu beginnen, legen Sie drei Überhandschlaufen (**Abb. 96 A**). Die Größe der ersten Schlaufe sollte vom Durchmesser des Mastes abhängen, die zweite Schleife sollte größer sein. Bewegen Sie die linke Seite der zweiten Überhandschlaufe unter den rechten Rand der ersten Überhandschlaufe. Die linke Kante der dritten Überhandschlaufe sollte unter der rechten Kante der zweiten Überhandschlaufe platziert werden. Dann ziehen Sie die Überhandschlaufen zusammen, indem Sie die linke Kante der rechten Überhandschlaufe auf die Oberseite des rechten Randes der linken Überhandschlaufe legen (**Abb. 96 B+C**).

Setzen Sie den Vorgang fort, indem Sie die rechte Kante der linken Überhandschlaufe über die rechte Kante der mittleren Überhandschlaufe legen, und die linke Kante der rechten Überhandschlaufe unter die linke Kante der mittleren Überhandschlaufe. Beenden Sie den Knoten, indem Sie die rechte Kante der linken Überhandschlaufe unter der rechten Kante der linken Überhandschlaufe unter der rechten Kante der rechten Überhandschleife platzieren und indem Sie die linke Kante der rechten Überhandschlaufe über die linke Kante der linken Überhandschleife legen (**Abb. 96 D**).

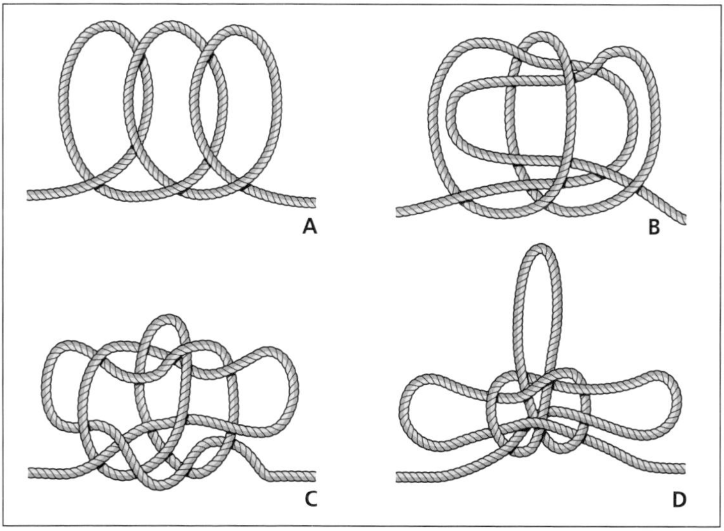


***Abb. 96***

*Der Jury-Knoten dient zum Errichten eines Notriggs. Er hat drei Schlaufen: eine in der Mitte für den Mast selbst, und zwei Öffnungen für die Befestigung an beiden Seiten des Rumpf (Steuerbord und Backbord).*

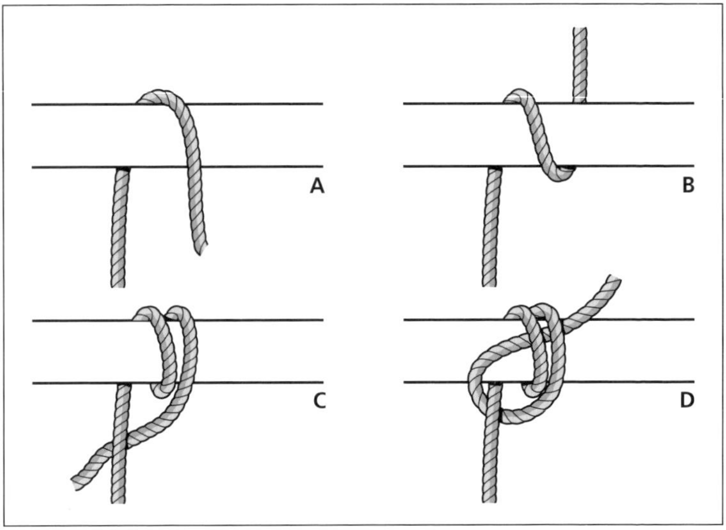


*Abb. 97*

*Ein Fall ist ein Seil, mit dem auf einem Segelschiff die Segel hocchgezogen oder abgelassen werden. Der Gaffelfallknoten wurde so konzipiert, dass er relativ flach ist, um die Lücke zwischen der Gaffel und dem Segel zu minimieren.*

Sobald der Knoten fertig ist legen Sie ihn über den Mast und ziehen ihn fest. Befestigen Sie die Abspannungen zum Rumpf (Pardunen) an Steuerbord und Backbord mittels Schotstek oder einem ähnlichen Knoten an den Schlaufen.

## Gaffelfallknoten

Der Begriff Gaffel (niederdeutsch für Gabel) bezeichnet eine verschiebbar an einem Mast befestigte, schräg nach oben ragende Spiere (Rundholz), an der die Gaffeltakelung eindeutig erkennbar ist. Bei dieser Art Takelage ist das Segel direkt an der Spiere befestigt und wird zusammen mit dieser durch das Gaffelfall hochgezogen. Der Fallknoten (**Abb. 97**) ist ein sicherer Knoten und hat den Vorteil, sehr kompakt und flach zu sein.

Legen Sie das Seil zwei Mal um einen festen Gegenstand (**Abb. 97 A+B**). Nehmen Sie das lose Ende und führen Sie es hinter dem festen Ende vorbei (**Abb. 97 C**), dann nach oben und vorne unter den beiden Schlägen hindurch nach rechts (**Abb. 97 D**). Anschließend festziehen.

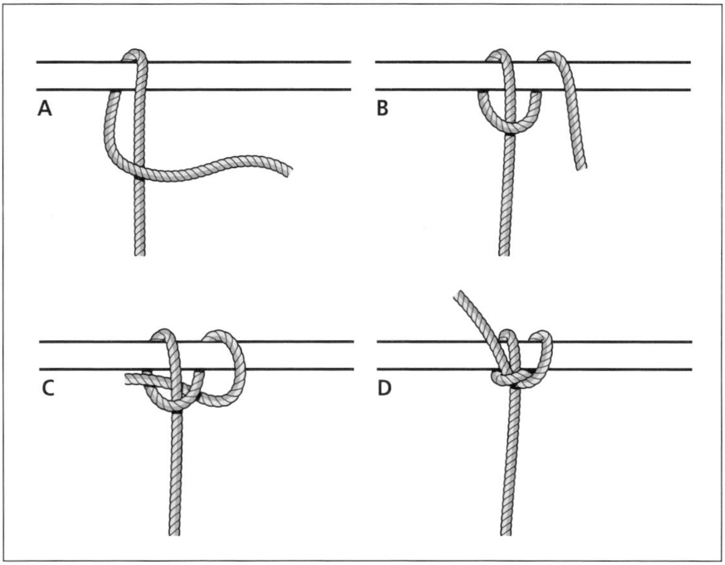


***Abb. 98***

*Der Osselknoten wird verwendet, um ein Seil an einen Pfosten oder eine Spiere zu binden.*

## Osselknoten

Dieser Knoten wird verwendet, um eine Leine oder ein Seil an einen Pfosten oder eine Spiere zu binden. Sein Name geht auf das schottische Wort für »Stellnetz« zurück – ein Fischernetz, in dem sich die Fische mit ihren Kiemenklappen verfangen. Der Osselknoten (**Abb. 98**) ist dem Gaffelfallknoten ähnlich, trägt an seiner Unterseite jedoch dicker auf.

Legen Sie die zu befestigende Leine einmal über den Holm (oder das Seil), an dem sie festgeknüpft werden soll (**Abb. 98 A**). Führen Sie das lose Ende vor dem festen Ende vorbei, dann hoch

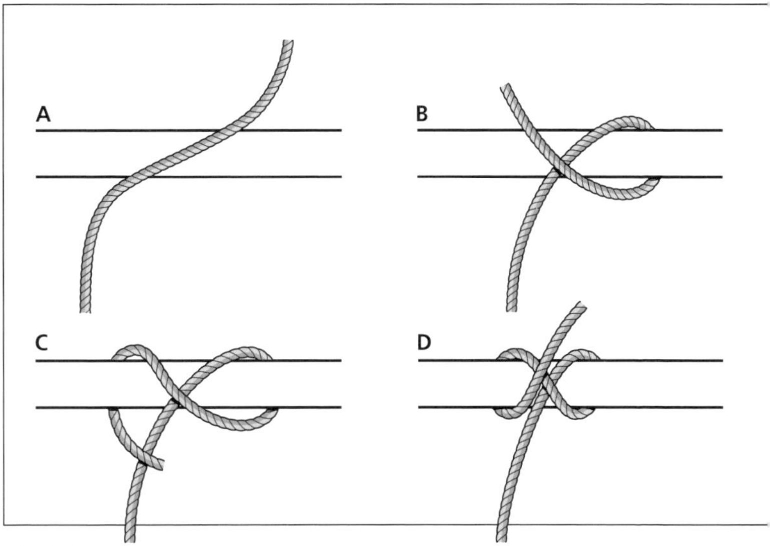


*Abb. 99*

*Der Ausleger-Knoten wird verwendet, um ein Seil sehr sicher an einer Spiere oder einem anderen Objekt zu befestigen.*

und von hinten über den Holm (Seil) wieder nach vorn (**Abb. 98 B**). Nun gehen Sie mit dem losen Ende ganz nach hinten und ziehen Sie es hinter der vorigen, zweiten Windung herum und dann zwischen Holm (Seil) und der ersten Windung hindurch nach vorn (**Abb. 98 C**). Fixieren Sie den Knoten fest, indem Sie das lose Ende nach oben ziehen (**Abb. 98 D**).

## Ausleger-Knoten

Der Ausleger-Knoten (**Abb. 99**) ist eine ziemlich robuste und sichere Methode, ein Seil an einem festen Gegenstand wie einem

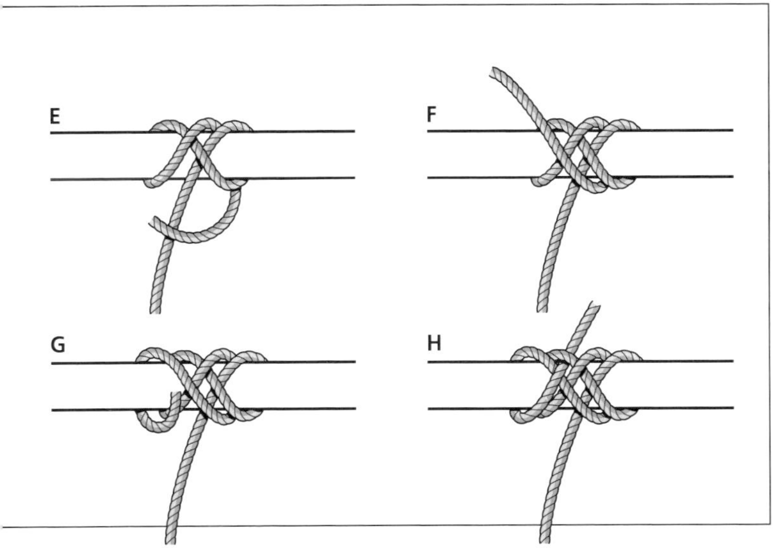

Rohr, einem Pfosten oder einer Spiere zu befestigen. Er kann auf Slip gelegt sein – anstatt die ganze Leine durch den letzten Schritt zu ziehen, wird nur eine Bucht hineingelegt. Das macht es einfacher, den Knoten wieder zu lösen.

Legen Sie das Seil diagonal über die Spiere o.ä.. Ziehen Sie das lose Ende hinten herum wieder nach vorn über das feste Ende (**Abb. 99 A**) hinweg nach oben (**Abb. 99 B**). Dann führen Sie das Seil hinten um den Gegenstand nach unten und vor dem festen Ende nach rechts (**Abb. 99 C**).

Als nächstes legen Sie das Arbeitsende wieder über die Spiere hinweg nach hinten (**Abb. 99 D**) und dann untenherum (**Abb. 99 E**) wieder diagonal nach links über die vorige Windung hinweg (**Abb. 99 F**). Zum Abschluss ziehen Sie das Seil ein zweites Mal über die Spiere hinweg hinten herum nach vorn (**Abb. 99 G**) und stecken es dann über die letzte Windung hinweggehend unter der ersten Linkswindung hindurch noch oben (**Abb. 99 H**). An diesem Punkt ziehen Sie alles fest.

### Kurze Trompete (Katzenpfote)

Dieser geniale Knoten (**Abb. 100**) erlaubt es Ihnen, ein Seil rutschsicher an einem Lasthaken zu befestigen. Da sie sich nicht zuzieht, ist die kurze Trompete für Rettungseinsätze nicht erlaubt.

Vom Prinzip her besteht der Knoten aus einem Ankerstich, dessen Augen zwei bis drei Mal zusätzlich und gegenläufig aufgedreht sind. Damit ergibt sich in den einzelnen Wicklungen eine höhere Reibung, die das Verrutschen des Knotens verhindert.

Verdoppeln Sie das Seil mit der Schlaufe nach unten und bilden Sie durch Zurückführen zwei Buchten (**Abb. 100 A**). Diese drehen Sie nun gegenläufig drei bis vier Mal ein (**Abb. 100 B–E**), wodurch

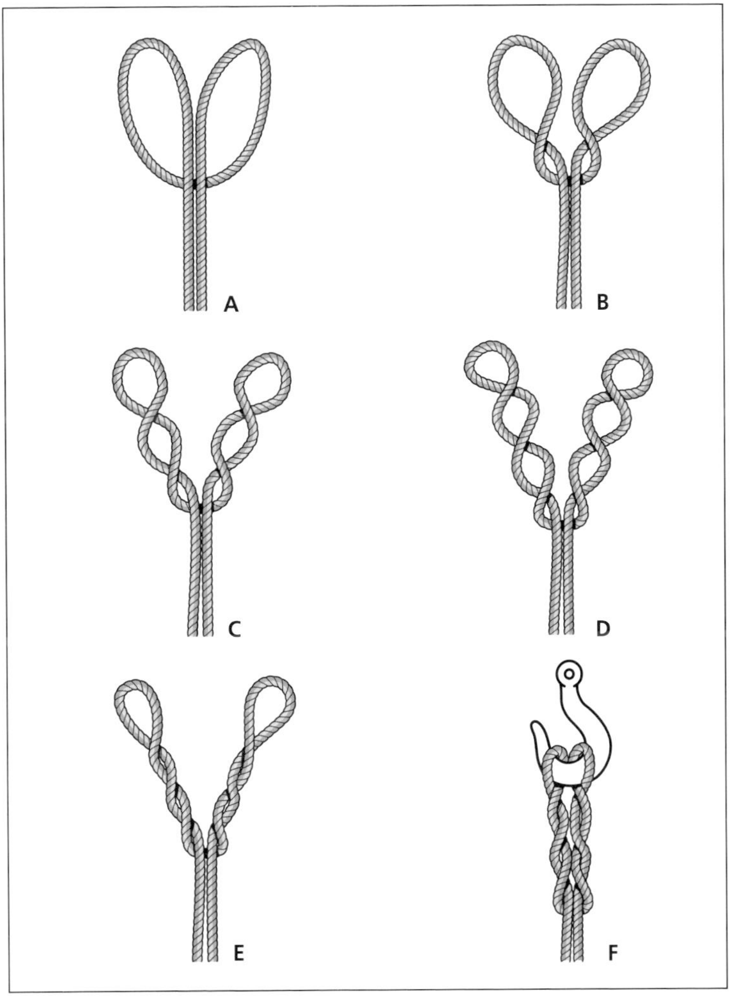


*Abb. 100*

*Die Katzenpfote ähnelt dem Ankerstich und ist eine weitere Methode, ein Seil an einem Gegenstand wie einem Ring oder Haken zu befestigen.*

sich die Reibung erhöht. Dann hängen Sie das Ganze in den Haken ein (**Abb. 100 F**). Steht der Haken nicht sofort zum Einhängen zur Verfügung, können Sie die Katzenpfote vorübergehend auch auf einem Holzstock »zwischenlagern«.

## Stevedore-Knoten

Der Stevedore (**Abb. 101**) ist ein Stopperknoten, der als voluminösere Alternative zu anderen Stoppern wie der Endacht oder dem

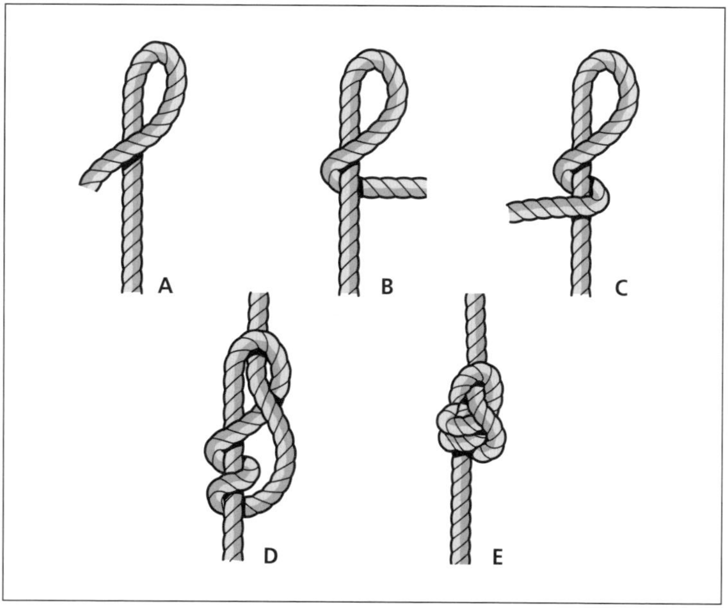


*Abb. 101*

*Der Stevedore-Knoten ist sperriger als der Endachter-Knoten, verklemmt sich im Gegensatz zu diesem aber nicht.*

doppelten Überhandknoten verwendet werden kann. Er hat gleichzeitig den Vorteil, sich nicht zu verklemmen. Der Knoten wird durch die gleichen Schritte geknüpft wie die Endacht, aber das Arbeitsende macht eine zusätzliche Umwicklung um das stehende Teil, bevor es durch die Anfangsschlaufe in die gleiche Richtung zurückkehrt wie bei der Endacht.

Machen Sie am Seilende eine Schlaufe (**Abb. 101 A**). Wickeln Sie nun das lose Ende zwei Mal komplett um das feste Ende herum (**Abb. 101 B+C**). Führen Sie dann das lose Ende durch die Schlaufe (**Abb. 101 D**) und ziehen Sie den Knoten fest (**Abb. 101 E**).

### Becket-Knoten

Dieser Knoten (**Abb. 102**) – einschließlich seiner Varianten Doppel-Becket oder Endachter-Becket – ist ein Knoten, der aus einem Auge gebunden wird. Vom Prinzip her hat er die gleiche Struktur wie der Schotstek, der zur Verbindung zweier Seile dient. Generell wird der Becket-Knoten jedoch eher dazu benutzt, ein Seil mit einem Ring oder einem geschlossenen Haken zu verbinden. Beispiele dafür sind die Öse eines Scheibenblocks, ein Auge am Ende eines Seils oder ein Seilgriff an einer Seemannskiste.

Machen Sie eine Schlaufe und führen Sie das Arbeitsende nach hinten um den festen Teil herum (**Abb. 102 A**) wieder nach vorn. Legen Sie das lose Ende über die Schlaufe (**Abb. 102 B**), dann wickeln Sie es ein Mal um den Teil der Schlaufe, der zum festen Ende des Seils führt (**Abb. 102 C**). Ziehen Sie den Knoten fest.

Auf diese Weise haben Sie nun den Gegenstand, der sich in der Schlaufe befindet, unverrückbar an exakt der Stelle im Seil fixiert, die Sie vorher bestimmt haben (**Abb. 102 D**). Ein Verrutschen ist durch diese Knüpfart nicht mehr möglich.

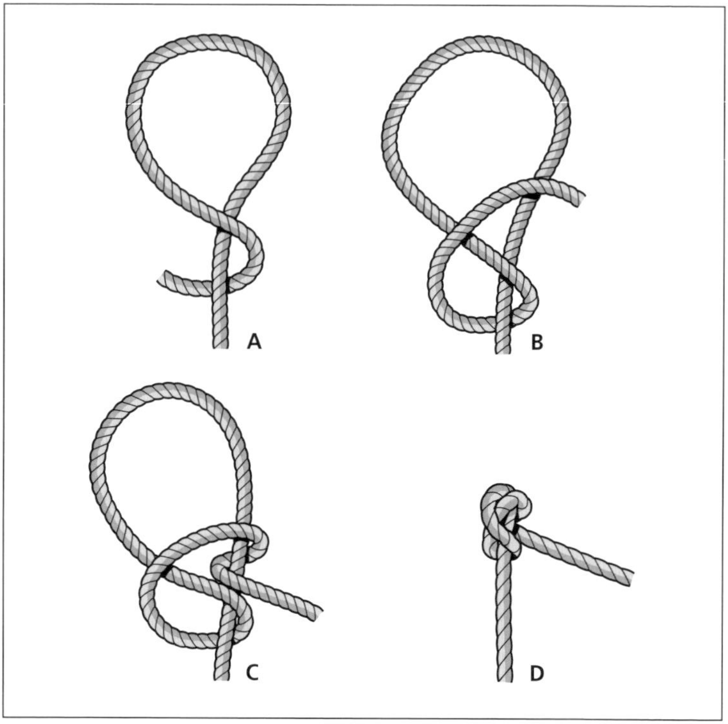


*Abb. 102*

*Der Becket-Knoten ist so konstruiert, dass Sie ein Seil am Auge eines Blocks, einer anderen Schlaufe oder einem Griff befestigen können. Er ähnelt dem Schotstek.*

## Trossenstek

Der Trossenstek (**Abb. 103**) ist ein effizienter Knoten für die Verbindung zweier starker Seile. Wir haben ihn in Kapitel 1 »Grundlagen« (siehe **Abb. 5**) bereits kurz kennengelernt. Er hat sich als besonders nützlich erwiesen, wenn man Leinen mit einem größeren Durchmesser – oder unterschiedlich dicke Seile – verbinden will und der Knoten sich auch bei hoher Belastung nicht zuziehen darf. Der Trossenstek ist sowohl dekorativ als auch nützlich und scheint zudem eine lange Geschichte zu haben. Er wurde wahrscheinlich von Kaufleuten und kämpfenden Flotten benutzt.

Machen Sie mit dem Arbeitsende des dickeren Seils (grau) ein Auge. Legen Sie das lose Ende des dünneren Seils (schwarz) über das Auge und führen Sie es hinter dem festen Ende des ersten Seils (grau) herum nach vorn (**Abb. 103 A**). Nun führen Sie das lose Ende des zweiten Seils (schwarz) unten herum am dickeren Seil (grau) vorbei, über sein eigenes stehendes Ende (schwarz) hinweg und dann weiter hinter dem Auge (grau) vorbei nach außen (**Abb. 103 B**). Kommt nun Zug auf den Knoten, zieht er sich zwar fest, verklemmt sich aber nicht. Dadurch ist er leicht wieder lösbar.

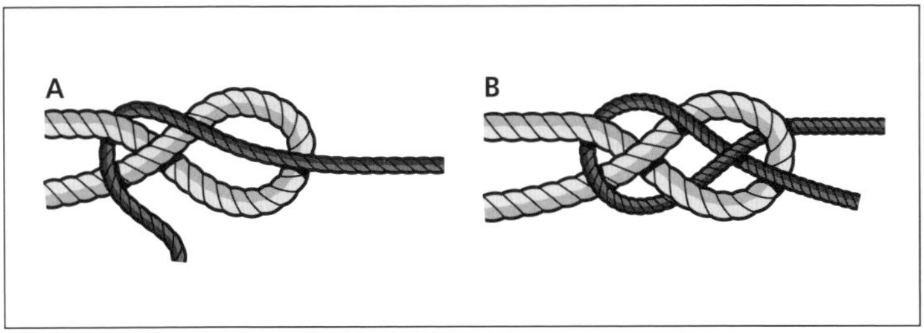


*Abb. 103*

*Der Trossenstek wird oft zur Verbindung von zwei schweren oder starken Seilen (Trossen) verwendet, die schwer zu handhaben sind. Er hat den Vorteil, relativ einfach lösbar zu sein, auch wenn er unter Belastung stand.*

## Schleppkahnknoten

Dieser Koten wird oft zum Schleppen oder Festmachen großer Schiffe verwendet und ist sehr stark belastbar (**Abb. 104**). Sein genialer Entwurf verleiht ihm die besondere Eigenart, dass er sich nie vollständig zuzieht. Der Schleppkahnhaken kann daher relativ leicht wieder geöffnet werden, auch wenn er zuvor unter höchster Belastung stand.

Führen Sie das Seil einmal um den Gegenstand – einen Pfosten, eine Schleppöse o.ä. – herum, an dem Sie es befestigen möchten (**Abb. 104 A**). Halten Sie ein ziemlich langes Arbeitsende parat, da Sie noch mehrere Sachen damit erledigen müssen, und lassen Sie es vor dem festen Ende herabhängen (**Abb. 104 B**). Führen Sie das Arbeitsende nun hinter dem festen Ende nach oben, als ob Sie daraus eine Bucht bilden wollen (**Abb. 104 C**). Es wird aber keine Bucht. Stattdessen wickeln Sie das lose Ende ein zweites Mal um den festen Gegenstand, und führen das Seil wieder hinter das feste Ende (**Abb. 104 D**).

Als Nächstes führen Sie das Arbeitsende vor dem festen Ende nach oben und hinter den Gegenstand (**Abb. 104 E**), von wo aus Sie das lose Ende noch ein komplettes Mal (bei Bedarf auch öfter) drumherum wickeln (**Abb. 104 F**). Zum Schluss führen Sie das Arbeitsende hinter dem festen Ende vorbei. Es liegen nun so viele Windungen und Gegenwindungen vor, dass der Knoten sich nicht mehr öffnen kann, obwohl er nicht vollständig zugezogen ist.

Gerade bei sehr schweren Lasten ist es wichtig, stets genügend Bünde und Windungen gemacht zu haben, um die Kraft auf die letzten Windungen oder eine Anhängevorrichtung zu reduzieren. Andernfalls kann es schwierig sein, den Knoten wieder zu lösen – oder er kann rutschen.

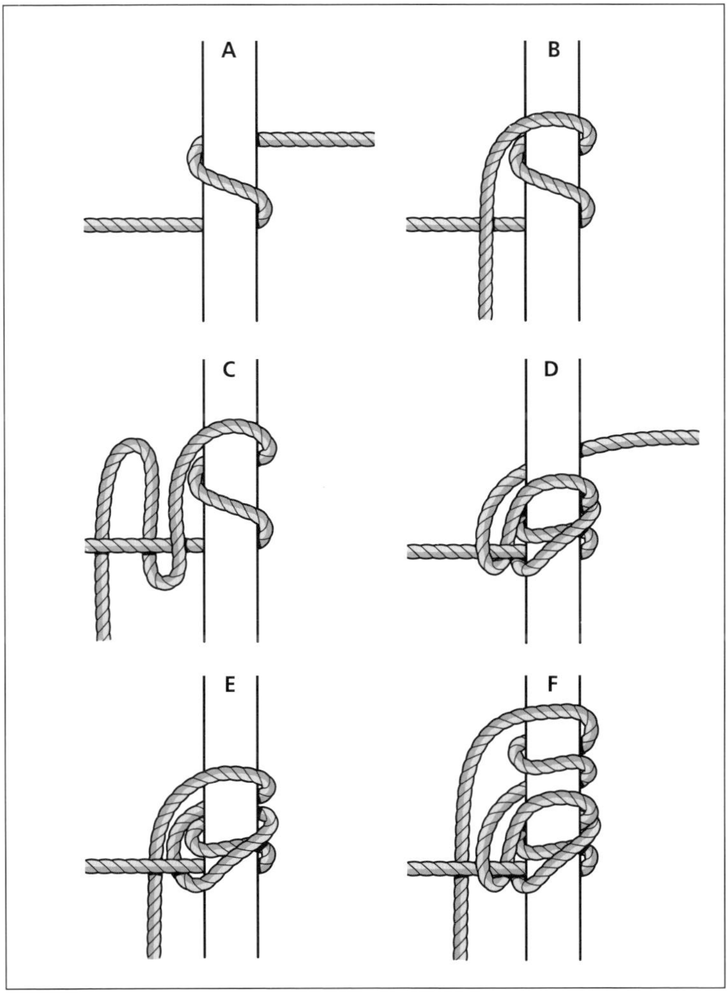


***Abb. 104***

*Der Schleppkahnknoten ist dann gut geeignet, wenn es um das Schleppen oder Heben schwerer Lasten geht und der Knoten sich nicht zuziehen darf.*

## Würgeknoten

Der Würgeknoten (**Abb. 105**), auch Würgestek oder Konstriktorknoten genannt, ist einer der haltbarsten Schnürknoten. Er ähnelt dem Webeleinenstek, ist ihm aber an Festigkeit überlegen. Nach Belastung lässt er sich bei manchem Seilmaterial nicht mehr lösen, weshalb man ihn für dauerhafte Verbindungen einsetzt. Der Knoten kann auch in einer auf Slip gelegten Variante verwendet werden, die seine Lösbarkeit gewährleistet. Sofern die Enden des Taus nicht frei sind, lässt sich der Würgeknoten stecken oder legen.

Knüpfen Sie zunächst einen normalen Webeleinenstek (**Abb. 105 A–D**). Anschließend nehmen Sie das lose Ende (**Abb. 105 E**) und stecken es unter dem festen Ende der ersten Wicklung – des ersten Auges – hindurch (**Abb. 105 F**). Das Festzurren des Würgeknotens ist mit Hilfe von Knebeln (Stäben) möglich, die ihrerseits durch Marlspiekerschläge am Seil befestigt werden. Auf diese Weise zugezogen lässt sich der Würgeknoten nur lösen, indem man ihn mit einem Messer aufschneidet.

Der Würgeknoten dient als fester Verschlussknoten für Säcke, als Befestigungsknoten für die Sprossen (Holme) einer Strickleiter oder eines Floßes und als schneller Ersatz für einen Takling, damit ein ausgefranstes Seilende sich nicht weiter aufdröselt. Ein solcher Behelf sollte aber später durch einen richtigen Takling oder Spleiß ersetzt werden.

## Fuhrmannsknoten

Dieser Knoten (**Abb. 106**) ist heutzutage auch unter dem Namen »Truckerknoten« bekannt. Durch den simplen Aufbau eignet er sich zum Festzurren von Ladungen auf einem Fahrzeug. Von Seglern wird er gelegentlich verwendet, um ein Fall zu sichern sowie um ein Beiboot oder Floß an der Yacht zu befestigen.

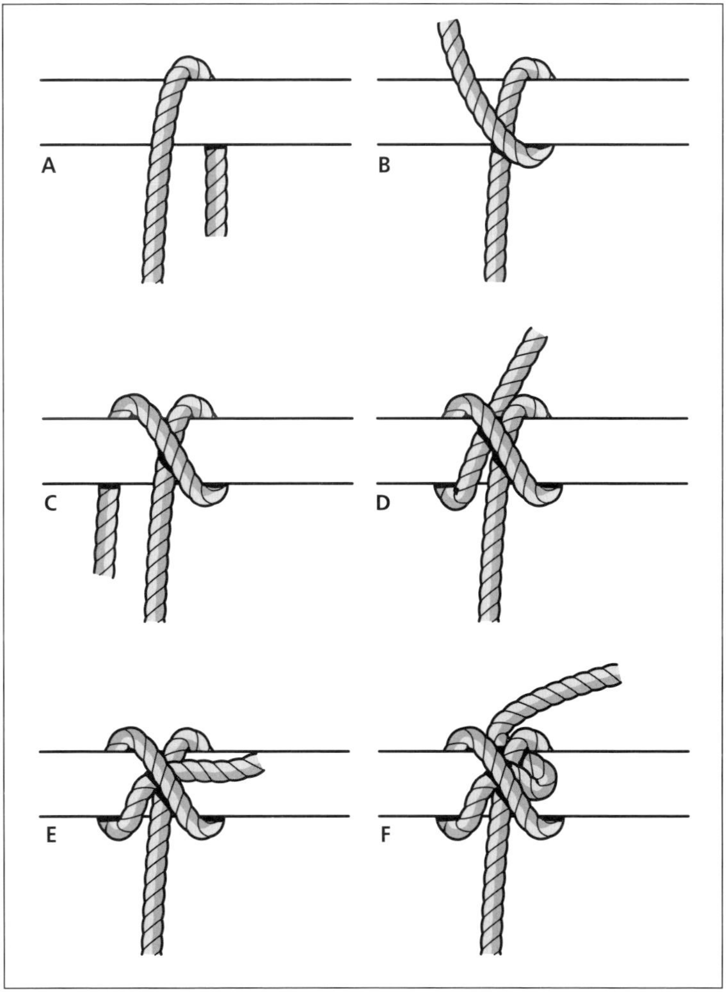


*Abb. 105*

*Der Würgeknoten ist ein sehr fester Bindungsknoten. Er ist jedoch schwierig zu lösen, sobald er angezogen ist, und muss meistens aufgeschnitten werden.*

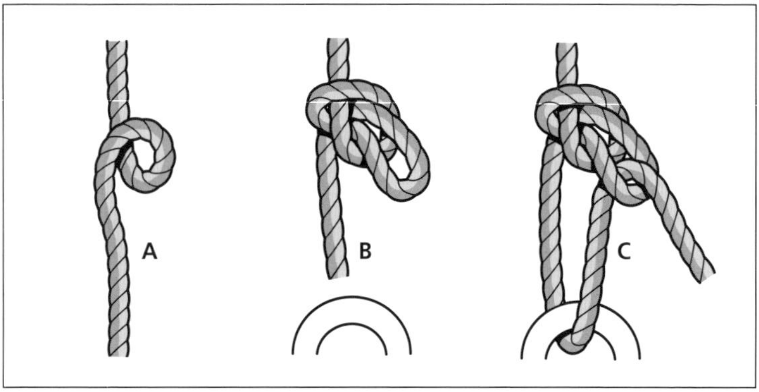


*Abb. 106*

*Der Fuhrmannsknoten ist ein nützlicher Knoten zur Sicherung von Lasten. Er hat eine Wirkung ähnlich einem Flaschenzug.*

Unter genauer Betrachtung handelt es sich beim Fuhrmannsknoten um einen Seilspanner, der einen simplen Flaschenzug darstellt. Er besteht aus einer Schlinge, die als Umlenkpunkt des Flaschenzugs dient, und einem Sicherungsknoten, der die Leine nach dem Spannen sichert. Auf diese Weise lassen sich Leinen ohne weitere Hilfsmittel spannen.

Zum Spannen einer Leine werden zwei Fixpunkte benötigt: Einer dient als Befestigungspunkt, der andere als Umlenkpunkt. Am Befestigungspunkt kann die Leine mit einem beliebigen Knoten festgemacht werden. Dann wird die Leine zum Umlenkpunkt geführt und auf dem Weg eine Schlinge gelegt, die als loser Umlenker fungiert. Anschließend führt man das lose Ende um den festen Umlenkpunkt und steckt es durch die Schlinge. Zieht man nun am Seilende, beträgt die Kraft dort theoretisch nur die Hälfte der

Kraft am Befestigungspunkt. Durch die Reibung an den Umlenkpunkten ist der Wirkungsgrad allerdings geringer, als wenn man eine Rolle benutzen würde.

Wegen starker Reibung und Hitzeentwicklung eignet sich der Knoten nicht zum Spannen von Seilbrücken. Kunstfaserseile können dabei schmelzen, Naturfasermaterial zerrieben werden. Bei großer Last sollte in die Schlaufe ein Verbindungsteil (zum Beispiel Karabiner, Ring oder Rolle) zwischengeschaltet werden.

Befestigen Sie ein Seilende mit einem beliebigen sicheren Knoten an einem Fixpunkt. Heben Sie das freie Ende der Leine hoch und formen Sie ein Auge (**Abb. 106 A**). Nehmen Sie nun das lose Ende, bilden daraus eine Bucht und stecken Sie diese von hinten durch das Auge, so dass eine zweite Bucht heraushängt (**Abb. 106 B**). Anschließend fädeln Sie das lose Ende durch den zweiten Fixpunkt und führen es zurück durch die soeben gebildete Bucht (**Abb. 106 C**). Jetzt lässt sich das Seil spannen.

## 5.3 Spleiße

Der Spleiß ist eine bruchfeste, dauerhafte, nicht lösbare Verbindung von Tauwerk durch Verflechten der einzelnen Seilstränge (Kardeele). Er wird auch zur Reparatur von Tauwerk verwendet. Als Werkzeug zum Spleißen ist der Marlspieker unverzichtbar. Der Takler kennt verschiedene Arten von Spleißen: Augspleiß, Langspleiß, Kurzspleiß und End- oder Rückspleiß.

Die Haltbarkeit einer Spleißverbindung beruht auf der Reibung und Selbsthemmung zwischen den zu verbindenden Tauwerkstücken. Da sich Tauwerk – wie fast alle anderen Materialien auch – bei

Zugbelastung längt und im Durchmesser verkleinert, verklemmen sich die einzelnen Kardeele und lassen sich nicht mehr gegeneinander bewegen. Dabei bleiben je nach Material, Art des Spleißes und Sorgfalt bei der Ausführung etwa 85 bis 100 Prozent der ursprünglichen Festigkeit des Seils erhalten. Ein Knoten schwächt eine Leine dagegen beträchtlich: etwa 50 Prozent und mehr.

Ein gespleißtes Seil bleibt – anders als bei der Verwendung von Knoten oder Seilklemmen – geschmeidig und nimmt wenig bis gar nicht an Durchmesser zu. Das ist insbesondere dann wichtig, wenn das Seil über Blöcke (Umlenkrollen) geführt oder ständig auf- und abgewickelt werden muss. Allerdings kann das Spleißen bei einigen Tauwerksarten ein ziemlich aufwändiger Vorgang sein, so dass man für Notreparaturen doch besser auf Seilklemmen oder Knoten zurückgreifen sollte.

Unabhängig davon, ob ein Spleiß zur Verbindung zweier Seile, zur Bildung eines Auges oder zur Sicherung des Leinenendes (Tampen) gegen Ausfasern (End- oder Rückspleiß) verwendet wird, können die Kardeele entgegen (selten mit) der Drehrichtung der Leine (ihrem Schlag, meist rechts) verspleißt werden.

### Augspleiß

Ein Augspleiß (**Abb. 107**) ist ein in das Tauwerk eingespleißtes festes Auge (Schlaufe). Es entsteht, indem man das Ende eines Taus in seine Stränge (Kardeele) aufdröselt, eine Schlaufe formt, und dann die Stränge in das Tau einflechtet. Man kann die Stränge nach der dritten Flechtung nach und nach verjüngen. Üblicherweise gibt man dem Spleiß nach dem Knüpfen seine endgültige Form, indem man ihn auf den Boden legt und mit einem beschuhten Fuß hin und her rollt. Danach kann man die überstehenden Stränge abtrennen.

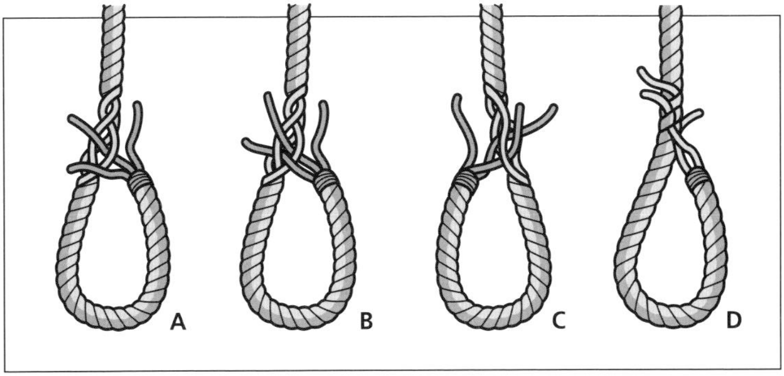


***Abb. 107***
*Der Augspleiß dient zur Herstellung einer permanenten Schlaufe am Ende eines mehrkardeeligen Seils. Die einzelnen Stränge des Seils werden dabei miteinander verflochten.*

In der Regel wird in einen Augspleiß eine Kausch eingearbeitet – eine Hülse aus Metall oder Kunststoff, die dem Auge eine feste, nicht mehr veränderbare Form gibt und gewährleistet, dass es stets geöffnet ist. Kauschen sichern das Material vor Abnutzung und erleichtern das Anbringen von Schäkeln, Bolzen und Leinen. Bei Drahtseilen verhindern sie eine übermäßige Biegung des Seils und damit einen möglichen Seilbruch.

### Kurzspleiß

Dieser Spleiß ist für zwei Seile gleicher Art und der selben Stärke ausgelegt (**Abb. 108**). Das Ergebnis ist eine feste und starke Verbindung. Nachteil des Kurzspleißes ist, dass der Durchmesser des Seils zunimmt. Das kann dazu führen, dass das Seil nicht durch einen Block oder einen Ring läuft und sich dort verklemmt.Der

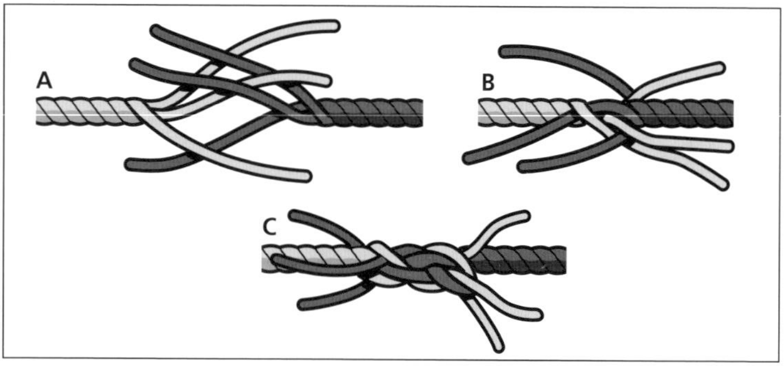


***Abb. 108 A–C***

*Der Kurzspleiß erhält die Belastbarkeit eines Seils, vergrößert aber auch dessen Durchmesser.*

Kurzspleiß dient zum Verbinden von zwei gedrehten (geschlagenen) Seilen.

Zunächst werden die zu verbindenden Enden in die einzelnen Kardeele aufgetrennt und dann die Stränge mit einem halben Schlag paarweise – von jedem Ende eines – übereinandergelegt. Die Kardeele der einen Seite werden mit einem Garn gesichert, die Kardeele der anderen Seite werden mit dem Spleißnagel (Marlspieker) reihum mehrfach unter die Kardeele des ersten Seils gesteckt und sorgfältig festgezogen. Bei Tauwerk aus Naturfaser geschieht das drei Mal, bei glattem Kunststofftauwerk fünf Mal. Dann folgt die andere Seite genauso.

Die Kardeele kann man anschließend entweder verjüngen und in das Seil einspleißen oder mit einem Takling zur Erhöhung der Standzeit sichern. Bei Kunststoffseilen werden sie jedoch meist nur noch mit einem Hitzeschneider verkürzt und verschmolzen.

Ein Nachteil des Kurzspleißes ist sein Umfang. Bei laufendem Seil könnte der Durchgang durch einen Block behindert oder gar völlig unmöglich werden. Je nach Verwendung des Seils kann es daher sinnvoll sein, bei einem Kurzspleiß nicht alle Leinen einzuspleißen.

## Langspleiß

Der Langspleiß dient ebenfalls zum Verbinden von zwei geschlagenen Seilen. Gegenüber dem Kurzspleiß hat diese Technik den Vorteil, dass im verbundenen Seil keine nennenswerte Verdickung auftritt (**Abb. 109**), wodurch es nahezu ungehindert durch einen

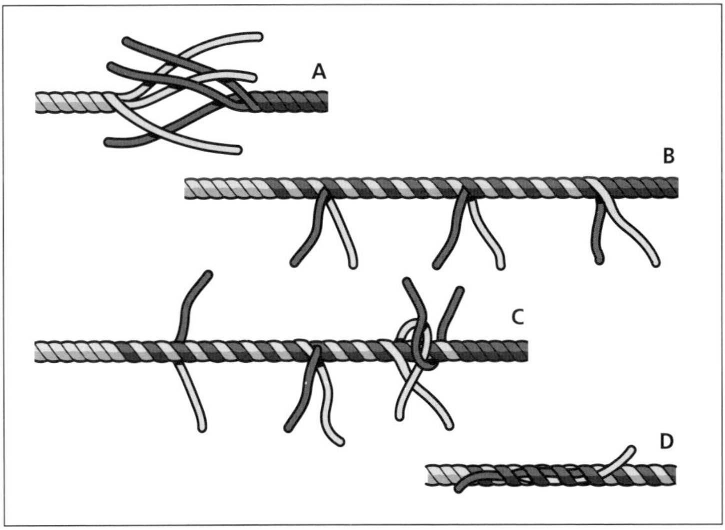


***Abb. 109***

*Der Langspleiß ist nicht viel dicker als das ursprüngliche Seil. Allerdings wird dadurch die Festigkeit des Seils reduziert.*

Block oder einen schmalen Ring geführt werden kann. Der Nachteil des Langspleißes ist jedoch die geringere Belastbarkeit des »neuen« Seils, denn der Spleiß schwächt den Verbindungsbereich. Aus diesem Grund gilt der Langspleiß in der (Berufs-) Schifffahrt heute nicht mehr als sichere Verbindung. Von seiner Verwendung wird abgeraten.

Zuerst dröseln Sie einen größeren Abschnitt am Ende der beiden Seile auf – man geht von rund einem Meter Seil aus – und legen wie beim Kurzspleiß jeden Strang zwischen die Kardeele des gegenüberliegenden Seils. Anschließend ziehen Sie die Stränge fest gegeneinander zusammen und beginnen damit, das erste Kardeel des einen Seils durch das andere Seil zu schieben, es ein Stück zu umwickeln und erneut durchzuschieben. Setzen Sie diese Arbeit fort (indem Sie einen Strang verteilen und ihn mit einem anderen ersetzen), bis Sie fast die gesamte Länge des ersten Kardeels verbraucht haben. Dann wiederholen Sie diesen Vorgang mit den anderen Strängen.

Zum Abschluss können Sie die einzelnen Stränge auch hier verjüngen und in das Seil einspleißen oder mit einem Takling zur Erhöhung der Standzeit sichern beziehungsweise bei Kunststoffseilen die Enden abschmelzen.

## End- oder Rückspleiß

Dieser nützliche Spleiß (**Abb. 110**) soll das Ende eines Seils vor dem Ausfransen schützen. Dazu wird das Ende eines gedrehten (geschlagenen) Seils in seine Kardeele aufgetrennt und dann rückwärts in dasselbe Seil eingespleißt. Dadurch entstehen verschiedene Verdickungen am Seilabschluss, die sich auch als besonders aufwändiger »Takling« bezeichnen lassen. Sie dienen zum besseren Greifen des Seils (Glockenseil), um es am Durchrutschen durch eine

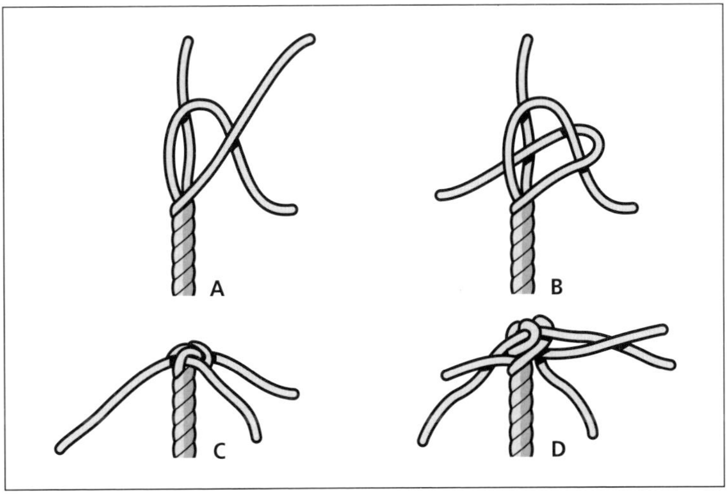


***Abb. 110***

*Der End- oder Rückspleiß ist eine traditionelle Methode, das Ende eines Seils zu sichern, um das Ausfransen zu verhindern. Er erzeugt eine signifikante Vergrößerung der Seildicke.*

Öse zu hindern, oder als Verzierung (Treppengeländer aus Tauwerk). Die bekanntesten Rückspleiße sind: Spanischer Takling (der eigentliche Rückspleiß), Hahnenpfote (»Hahnepoot«), Taljenreepsknoten, doppelter Taljenreepsknoten, Fallreepsknoten, Rosenknoten, Sternenknoten.

Binden Sie zunächst eine dünne Schnur oder ein Stück Klebeband um den Punkt des Seils, an dem Sie den Rückspleiß beginnen möchten. Dann wird das Seil bis zu dieser Stelle in seine Kardeele zerlegt und als erstes ein Fallreeps- oder Kronenknoten (siehe **Abb. 112**) aufgebunden.

Die freien Enden werden nun in das stehende Ende des Seils unterhalb des Kronenknotens eingeflochten. Nehmen Sie dazu den ersten losen Strang und führen Sie ihn unter einem Kardeel des festen Endes hindurch, über den nächsten Strang hinweg und etwas weiter vom Kronenknoten entfernt wieder unter dem nächsten Strang hindurch. Diesen Prozess setzen Sie fort, bis das lose Ende komplett gleichmäßig in das stehende Ende des Seils eingeflochten ist. Anschließend verfahren Sie entsprechend mit den anderen Kardeelen.

## 5.4 Endknoten

Wie im Kapitel 4 bereits angemerkt, gibt es eine ganze Reihe von so genannten »Endknoten«, die alle zur Absicherung eines Seilendes gegen unbeabsichtigtes Herausrutschen aus Karabinern oder Blöcken sowie zur Verzierung dienen.

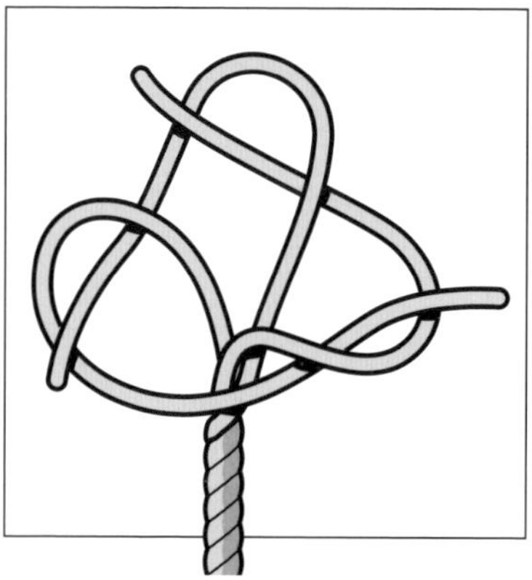

*Abb. 111*
*Der Wandknoten kann allein oder als Grundlage für eine Vielzahl anderer Knoten verwendet werden. Es ist ähnlich wie der Fallreepsknoten (Kronenknoten).*

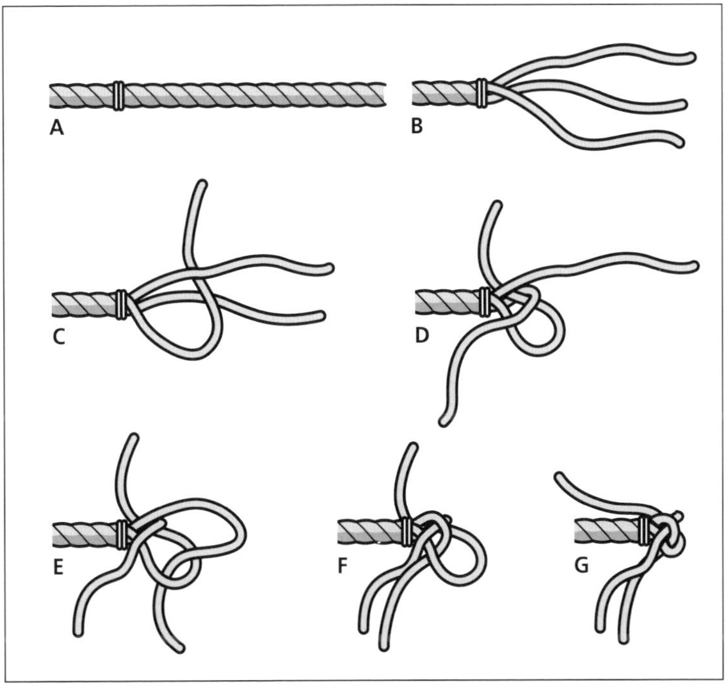


*Abb. 112*

*Der Kronenknoten kann in einem dreisträngigen Seil gebunden werden, um das Ausfransen zu verhindern oder ein dekoratives Ende zu erzeugen.*

## Wandknoten

Der Wandknoten (**Abb. 111**) ist ein nützlicher Knoten und dient als Grundlage für andere Knoten, wie zum Beispiel den Fallreepsknoten (Kronenknoten).

Beginnen Sie, indem Sie die Kardeele eines Seils lösen, so dass Sie ausreichend Material zum Knüpfen haben. Führen Sie einen

Strang gegen den Uhrzeigersinn unter einem zweiten Strang hindurch. Das dritte Ende wird umbogen und erst unter dem ersten Strang, dann unter dem dritten Strang durchgezogen. Dann nehmen Sie das dritte Ende und führen es durch eine Bucht im ersten Strang. Ab hier können nun alle Stränge (Enden) festgezogen werden, um den Knoten zu beenden.

### Fallreeps- oder Kronenknoten

Auch dieser Knoten (**Abb. 112**) dient als Basis für andere Knoten. Er wird normalerweise aus dreikardeeligen Seilen geknüpft, indem man auf einen Wandknoten ein »Kreuz« (Kronenknoten oder auch Hahnepoot) legt. Danach steckt man jedes der losen Enden rechtsliegend – zunächst den Wandknoten, dann den Hahnepoot – nach. Das heißt, man verdoppelt diese und steckt sie nach unten durch den Knoten. Abschließend werden die Enden eng am Knoten abgeschnitten. Der Fallreepsknoten kann auch aus vier Kardeelen gelegt werden.

### Die Affenfaust

Die Affenfaust (**Abb. 113**) ist ein Knoten, der zum Beschweren des Endes einer Wurfleine zur Sicherung beim Klettern oder als Zierknoten dient. Früher wurde die Affenfaust vor allem in der Schifffahrt verwendet. In der Handelsschifffahrt ist dieser Knoten als Schmeißleinenknoten bekannt. Manchmal wird er auch »Kindskopf« oder »Affenkopf« genannt. Beim Klettern lässt sich die Affenfaust als Klemmsicherung einsetzen, insbesondere dann, wenn die Verwendung von metallischen Klemmkeilen nicht möglich oder nicht gestattet ist, wie zum Beispiel in der Sächsischen Schweiz, wo derartige Klemmkeile beim Klettern grundsätzlich verboten sind.

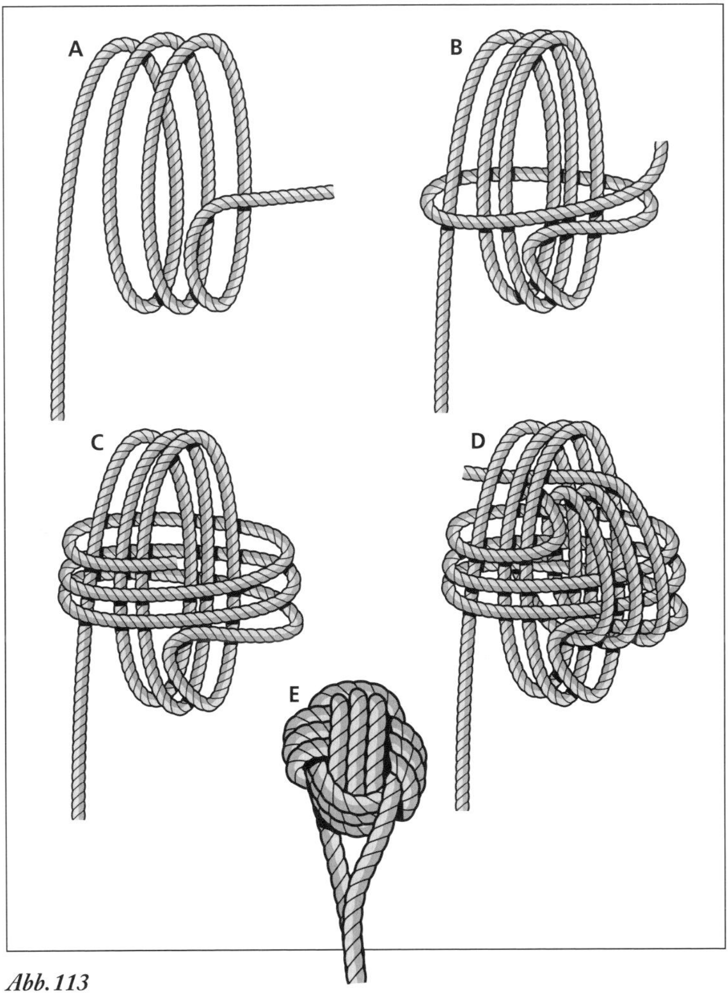


*Abb. 113*

*Die Affenfaust wurde früher als zusätzliches Gewicht beim Werfen einer Leine an deren Ende geknüpft. Sie kann aber auch als Dekoration verwendet werden.*

In ihrem Kern mit einer Gips-, Holz-, Kunststoff- oder gar Stahlkugel beschwert, wird die Affenfaust zu einer gefährlichen Schlagwaffe. Das deutsche Waffengesetz verbietet daher auch den Besitz und das Führen einer mittels Metallkugel beschwerten Affenfaust, da diese vom Bundeskriminalamt als Totschläger eingestuft wird.

Bei der deutschen Marine ist der Gebrauch der Affenfaust ebenfalls verboten, da es durch die Festigkeit immer wieder zu Unfällen kam. In US-amerikanischen Häfen wurde dieser Knoten oft aufgeschnitten, um festzustellen, ob er nicht verbotenerweise Metall enthielt.

Beginnen Sie, indem Sie die Leine dreimal senkrecht um Ihre Hand wickeln, so dass die Windungen nebeneinander liegen (**Abb. 113 A**). Dann wickeln Sie drei weitere Lagen um 90 Grad versetzt horizontal um die erste Wicklung (**Abb. 113 B+C**). Im dritten Schritt führen Sie das Arbeitsende durch die Oberseite des Knotens zwischen den beiden Wicklungen. (**Abb. 113 D**) und machen schließlich noch drei weitere senkrechte Wicklungen, die um 90 Grad versetzt zur ersten Wicklung stehen. Damit erzeugen Sie eine Kugel.

Die Wicklungen sollten immer exakt nebeneinander liegen und mit Sorgfalt justiert werden, damit der Knoten eine gleichmäßige Form bekommt (**Abb. 113 E**).

Falls Sie trotz der oben erwähnten Warnung unbedingt einen Gegenstand in die Affenfaust einfügen wollen: Wie wäre es mit einem kleinen Gummi- oder Kunststoffball? Damit hätten Sie einen prima Schwimmer hergestellt, der sich für Schlüssel oder andere wertvolle Objekte – wie etwa ein für das Überleben in der Wildnis unverzichtbare Messer – als Sicherung eignet.

# Anhang A
## Knotenverzeichnis alphabetisch

# Anhang B
## Knotenverzeichnis nach Knotentypen

# Anhang C
## Glossar

**Abseilen** Abstieg einer Person von einem höheren Geländepunkt mit einem doppelten Seil, das normalerweise durch eine Reibungsvorrichtung verläuft oder um den Körper gewickelt ist.

**Arbeitsende** Teil des Seils, das beim Binden eines Knotens bewegt wird. Wird auch „loses Ende" genannt.

**Auge** Bucht eines Seils mit sich überkreuzenden Enden.

**Belegen** Sichern eines Seils an einem geeigneten Festmachpunkt (Klampe, Poller etc.).

**Belegnagel** Kurzer, oben meist abgerundeter und unten verjüngter Stab, der auf Segelschiffen eingesetzt wird, um daran Seile des laufenden Guts festzumachen. Früher aus Holz, heute meist aus Metall.

**Besanmast** Der hinterste Mast auf einem Segelschiff.

**Bindung** Stelle, an der zwei Seilstücke zusammengefügt sind.

**Block** Gehäuse, in dem sich eine oder mehrere drehbare Scheiben befinden. Dient dazu, die Zugrichtung von Seilen umzulenken.

**Bucht** Grundform in der Knotenkunde. Bezeichnet einen Bogen oder eine Kurve im Seil.

**Bugleine** Am Bug befestigtes Seil zum Festmachen.

**Bugspriet** Mit dem Rumpf fest verbundene starke Spiere auf den Bug eines Segelschiffes.

**Fall** Ein Seil, das zum Heben und Senken von Segeln auf einem Schiff verwendet wird.

**Festes Ende** Teil des Seils, das beim Binden eines Knotens nicht bewegt wird.

**Fock** Ein dreieckiges Segel, das sich vor dem Mast befindet (Stagsegel)

**Hilfsrigg** Eine provisorische Takelage, die einen gebrochenen Großmast ersetzt.

**Karabiner** Ein Haken mit federunterstütztem Schnappverschluss.

**Klampe** Eine T-förmige Vorrichtung zum Befestigen eines Seils.

**Laufendes Gut** Auf einem Segelschiff alles Tauwerk, das zum Bewegen der Segel sowie der mit ihnen verbundenen Spieren dient.

**Lee** Die dem Wind abgewandte Seite eines Schiffs oder Gebirges.

**Loses Ende** siehe Arbeitsende

**Marlspieker** Kegelförmiges Werkzeug aus Metall, das zum Bearbeiten von Seilen dient.

**Rah** Horizontale Holzstange (Spiere), an der bei Großseglern die Segel befestigt sind.

**Schlaufe** Ein durch Übereinanderlegen des Seils erzeugte Öse.

**Schot** Bezeichnung für Seile an den unteren Ecken der Segel.

**Spinnaker** Großes, bauchig geschnittenes Vorsegel, das beim Fahren vor dem Wind zur Vergrößerung der Segelfläche gesetzt wird.

**Spiere** Bewegliches Rundholz der Takelage.

**Spleiß** Verbindung von zwei Seilen durch Verweben der Kardeele (Stränge) miteinander.

**Stag** Absteifungen eines Segelschiffes in Längsrichtung.

**Stehendes Gut** Diejenigen Teile in der Takelage von Segelschiffen, die zur Absteifung von Masten dienen (Stage und Wanten).

**Stich/Stek** Knotentyp, mit dem ein Seil vorübergehend an einem Objekt befestigt wird.

**Stopper** Knoten, der verhindert, dass ein Seil durch einen Block oder Ring ausläuft.

**Vorderliek** Die Kante eines Segels, das dem Mast am nächsten ist.

**Wanten** Absteifungen, die den Mast eines Schiffes querschiffs an den Bordwänden abstützen.

**Winde/Winsch** Gerät mit einer rotierenden Trommel und Kurbel für Einziehseile. Stopperstek

Die Bezeichnung Paracord kommt aus dem Englischen und bedeutet Fallschirmseil (parachute cord, kurz: paracord). Die Widerstandsfähigkeit dieser Seile kombiniert mit ihrer Struktur und Elastizität machen sie enorm vielseitig und populär. Paracord ist in einer Vielzahl von Farben erhältlich.
In diesem Band erfahren Sie alles, was Sie über Knoten aus Paracord wissen müssen: Von den grundlegenden Kenntnissen zum Material über einfache Knoten bis zu kunstvollen Schlüssel- oder Messeranhängern mit höherer Komplexität. Den Abschluss bilden Messer-Tragesysteme aus Paracord. Die Knüpf-Techniken, die dabei zum Einsatz kommen, stammen zum großen Teil aus der Seefahrt. Hier waren zuverlässige Seilverbindungen über Jahrhunderte hinweg überlebenswichtig.
Alle Techniken werden Schritt für Schritt in Wort und Bild erklärt. Der Aufwand für Material und Werkzeug ist minimal.

128 Seiten, Format 175 x 230 mm,
Softcover mit Spiralbindung
ISBN 978-3-938711-83-5
**EUR 29,80**

Das Messer ist das wichtigste Werkzeug der Menschheitsgeschichte und ein Kulturgut, das auch aus unserer modernen Welt nicht wegzudenken ist. Wer sich mit Messern beschäftigt, stößt auf einen spannenden Mikrokosmos. Es gibt unzählige Messertypen, Stahlsorten und Konstruktionsweisen. Doch worin unterscheiden sich all die Messer? Wie bezeichnet man die Bauteile korrekt?
Was für Eigenschaften muss ein leistungsfähiger Messerstahl besitzen? Welche Klingenform und welcher Schliff passt zu welcher Aufgabe? Wie funktionieren die unterschiedlichen Arretierungen für Klappmesser? Und wie schärft man Messer richtig?
Zu diesen und weiteren Fragen finden Sie in diesem umfangreichen Buch fundierte Antworten.

216 Seiten, Format 200 x 260 mm, Hardcover
ISBN 978-3-938711-84-2
**EUR 29,90**